简化设计丛书

砌体结构简化设计

[美] 詹姆斯·安布罗斯 编著

叶燕华 孙伟民 译

U0221888

知识产权出版社
全国百佳图书出版单位

中国水利水电出版社
www.waterpub.com.cn

内容提要

本书是"简化设计丛书"中的一本。本书重点介绍了砌体结构中一般结构构件的简化计算。此外，还介绍了砌体结构的材料、结构形式、砌块形式以及砌体结构的应用等内容。本书附录部分提供了砌体结构设计的基础知识。书中对于结构理论、计算公式等的讲解简单易懂，列举的设计实例中涵盖了大多数常用砌体结构构件、结构形式和建造方法，与实际工程应用结合紧密。

本书可作为建筑结构设计及相关专业的教材，也可供结构工程师及相关专业人员参考。

责任编辑：张　冰　曹永翔

图书在版编目（CIP）数据

砌体结构简化设计／（美）安布罗斯（Ambrose, J.）编著；叶燕华，孙伟民译. —北京：知识产权出版社：中国水利水电出版社，2014.1
（简化设计丛书）
书名原文：Simplified Design of Masonry Structures
ISBN 978-7-5130-1436-6

Ⅰ.①砌… Ⅱ.①安…②叶…③孙… Ⅲ.①砌体结构—结构设计 Ⅳ.①TU360.4

中国版本图书馆 CIP 数据核字（2012）第 177759 号

简化设计丛书

砌体结构简化设计

[美] 詹姆斯·安布罗斯　编著

叶燕华　孙伟民　译

出版发行：知识产权出版社　中国水利水电出版社			
社　　址：北京市海淀区马甸南村 1 号	邮　　编：100088
网　　址：http://www.ipph.cn	邮　　箱：bjb@cnipr.com
发行电话：010-82000860 转 8101/8102	传　　真：010-82005070/82000893
责编电话：010-82000860 转 8024	责编邮箱：zhangbing@cnipr.com
印　　刷：北京中献拓方科技发展有限公司	经　　销：新华书店及相关销售网点
开　　本：787mm×1092mm　1/16	印　　张：10.75
版　　次：2009 年 1 月第 1 版	印　　次：2014 年 1 月第 2 次印刷
字　　数：255 千字	定　　价：28.00 元
京权图字：01-2003-4615	
ISBN 978-7-5130-1436-6	

帕克/安布罗斯 简化设计丛书
翻 译 委 员 会

主任委员

孙伟民 教授，一级注册结构师，南京工业大学副校长、
建筑设计研究院总工

委 员

刘伟庆 教授，博士，博导，南京工业大学副校长

陈国兴 教授，博士，博导，南京工业大学
土木工程学院院长

李鸿晶 教授，博士，南京工业大学土木工程
学院副院长

董 军 教授，博士，南京工业大学新型钢结构
研究所所长（常务）

前　言

　　本书内容涉及砌体结构房屋建筑设计，主要适用于那些工程研究和工程设计实践经验不甚丰富或缺乏足够的工程专业培训背景的读者。经过 Harry Parker 教授与我的共同努力，本书已经成为建筑技术领域系列丛书中的一册。

　　本书主要讨论的范围包括砌体房屋的材料、结构体系、建筑构造、现行规范和行业标准，以及常用砌体结构形式中一般结构构件的简化计算。砌体的材料和应用范围非常广泛，但在本书中主要关注砌体作为结构材料的应用，而不是作为建筑物外表面装饰材料的应用。

　　关于砌体的材料来源并不是本书探讨的主要目的，但还是尽可能多的提供了获得各种材料来源的实例。设计和计算研究中对这些实例的多种应用情况进行了讨论，便于读者了解他们更广泛的用途。

　　对那些将本书用作教材和自学资料的读者来说，本书在最后部分提供了学习的辅助资料，并列出了本书各个章节中关键的专业词汇和术语、常见问题以及练习题，同时提供了各章常见问题和练习题的参考答案。

　　砌体结构最广泛的用途是作为受压构件，如大多数用于墙、柱、墩墙和基座的情况。附录 A 中提供了受压构件的基本理论和特性，这对缺乏砌体结构设计相关知识的读者来说是非常有利的。

　　书中大部分结构砌体的计算仍然采用容许应力设计法来进行，但对于未配置主要受力钢筋的砌体结构，可以使用简单的直接应力公式，即所谓的经验设计法进行计算。对于配筋砌体，主要采用与钢筋混凝土结构设计类似的容许应力设计法。附录 B 中给出了钢筋混凝土结构容许应力设计方法的简要介绍。

一般，本书中关于结构理论、计算公式和应用到的数学方法都相当简单易懂，并且设计例题中覆盖了美国使用的大多数普通砌体结构构件、结构体系和建造的方法。

在此，我非常感谢国际建筑官员联合会，美国混凝土学会、国家混凝土砌体协会，以及出版商 John Wiley & Sons 公司，感谢它们的支持和授权引用其出版物中的内容。

詹姆斯·安布罗斯

于加利福尼亚州西湖村

1991 年 1 月

目　录

绪　论

　　本书对房屋建筑中的砌体结构进行论述，着重探讨目前美国建筑结构的形式和材料。本章提出砌体在建筑结构中的一般用途、历史发展以及影响结构使用的各种因素。

0.1　砌体在房屋建筑中的应用

　　砌体的概念范围很广，涵盖了建筑材料和结构形式。砌体历史源远流长，现存部分砌体结构的建造可以追溯到古代。

　　砌体结构有着悠久的应用历史，过去许多著名的砌体建筑延续至今，使其成为深受公众欢迎的结构形式。人们将砌体结构与持久和耐用相联系，是因为许多古老且保存完好的建筑采用了砌体结构，足以证明砌体建筑的坚固特性。

　　显而易见，现代建筑与古代建筑的砌体结构有所不同。如今，许多建筑物采用大理石、花岗岩或砖装饰外墙，而内部结构框架采用木结构、钢结构，或者是钢筋混凝土结构，外面仅采用很薄的砌体块材镶面。实际上，完美的砌体块材本身就可以作为塑料或增强纤维水泥制成的装饰面。

0.2　砌体在结构中的应用

　　古代建造者对砌体在结构中的特殊应用深感兴趣。尽管人们常常将最好的材料用于建筑中最突出和最显眼的位置，但砌体主要还是用于结构。人们也研制带孔的结构块材并在孔洞内填充松土、泥浆或一些粗糙混凝土来拓展砌体材料的应用。

　　随着社会经济文明的进步，要求提高建筑物建造速度、降低成本。一般而言，降低劳动力是降低成本的关键，从而促进低成本高质量的结构形式产生，使砌体进入饰面装饰时代。

尽管如此，很长时间以来，砌体的许多特性使其可以满足公众的使用要求。例如耐久、防火、坚固以及砌体结构内在的特点，使其成为许多情况下合理而又普遍的选择。尽管现代砌体结构与古代砌体结构有许多不同之处，但砌体结构的经久耐用则是相同的。

砌体结构目前主要用于墙体。在过去也用于基础和桥墩；在文明发达的年代也用于桥拱、地窖和圆屋顶。如今，除用于建筑物的墙体外，钢与钢筋混凝土结构在很大程度上取代了砌体结构。本书主要论述砌体结构作为墙体的多种应用。

0.3　砌体的历史发展

砌体出现在远古文化时代，当时人们只会简单地将石块堆砌建造防御工事、挡土墙和水坝，甚至建筑物墙体。石块的砌筑工艺经过几代人的传承和发展最终产生了非常优美和壮观的石块砌筑工程，如古埃及金字塔，古希腊神庙，古罗马竞技场、哥特大教堂，以及中国的长城。

岩石最初作为基础用于天然软弱土中。随着经验的增长以及工具的发展，岩石逐渐被人们用于有形结构。最终石块的砌筑工艺发展到先进水平，大量的结构由切割整齐、形状细致的石块拼图砌筑构成。

在石材资源匮乏、石块加工和砌筑工艺尚未开发的地区，很早就出现了其他形式的砌体。普通日晒砖以及后来的耐火黏土砖通过一定的方式黏结成整体。天然的建筑材料形成黏结砂浆，毛坯混凝土用于填充，抹灰以及装饰用于砌体防护恶劣气候和提高耐久性。

几千年传承下来的建造砌体经验，有益于当今砌体结构的传统发展，尽管日益复杂和工业化的建造方法在砌体结构中得以使用，但许多现代砌体结构建筑物仍源自于古老的建造方式。

0.4　砌体的现代应用

如今在美国使用的一些砌体结构可以从古代建筑中找到它们的影子，但是经过几千年的发展，砌体结构使用的材料、建造方法及工程的物理特性与古代时相比已经有了很大的差异。现在的砌体结构是由耐火黏土砖或预制混凝土砌块砌成的，这类砌块的生产过程存在较大的不确定性，但这些不确定性得到了很好的控制，详情可参见工业产品标准目录。

砌体结构的砂浆是批量配制，符合由国家认可的编写委员会制定出台的系列房屋建筑规范、标准。砌体结构砂浆主要是由波特兰水泥制成，与混凝土结构砂浆的基本成分一致。

由于成本相对较低，结构设计中通常采用预制混凝土砌块（简称CMU）或能继续使用的优质的旧混凝土砌块。砖块通常用于建筑饰面，或用薄砖片粘贴于结构表面。如果现在一直沿用几百年前采用砂浆砌筑的实心砖墙，施工劳动强度大时成本很高。为满足建筑表面美观的要求，采用预制混凝土砌块是明智的选择。

配筋砌体与无筋砌体有着很大的区别，配筋砌体结构必须是在墙体结构中的竖向和水平两方向都放置钢筋，本质上类似于钢筋混凝土结构。否则，即使在砌体结构中使用了一些普通钢筋，结构也被划分为无筋砌体。配筋砌体与无筋砌体种类的详细划分和限制将在第2章中详细介绍。

在砌体行业中，配筋的术语主要指是否将钢筋置放于砂浆层，或钢筋插入灌芯混凝土，与砌体结合成整体。然而这里还有许多其他方法可提高砌体结构的基本性能。这些方法包括在砌体中使用强度高的构件，如预制混凝土过梁和结构形式变化的壁柱等。因此，钢筋增强砌体是现代砌体结构发展的产物，尽管许多古代建造者的方法仍然有效，但它们所建造的砌体结构通常称为无筋砌体。

砌体常用于外墙，如今主要的问题是实心砌体保温性能较差，即寒冷气候条件下如何减少围护结构的热量损失。多数情况下希望寒冷气候条件下砌体外墙能保温。各种隔热形式的详情将在第9章建筑结构设计实例中讨论。

砌体建筑，尤其是结构方面的应用，在美国各地区是不同的。关注的问题主要在寒冷气候条件下隔热性能（如前所述）、霜冻以及温度的膨胀和收缩的影响。经常遭受风暴和地震的地区，所有结构需要采用配筋砌体。各地区面临的主要问题的不同导致砌体结构形式有相当大的差异，常用建筑材料以及具体的设计标准按当地建筑规范规定。多样化的结果则是工业机构的繁荣，正如钢、混凝土和木结构工业的兴起。美国钢结构协会和混凝土协会分别提出的规范表现形式无相似之处，不同设计规范和标准构造所产生的影响将在以下两节中讨论。

0.5 设计和施工标准

所有的房屋建筑的设计和施工主要由政府管辖的部门直接管理。管理的依据是由当地建筑规范和地方性的条例，由获得授权的监督委员会来监督实施。关于建筑法规将在8.3节中讨论。

就具体项目而言，地方性的建筑规范可能更多地考虑当地的问题和处理问题的经验，但是它们通常引用来自现代建筑法规［如《统一建筑规范》（UBC）或国际建筑官员和规范管理组织（BOCA）的规范］或规范编写委员会的资料。尽管存在着地区性差异，但所有规范标准都采用类似的参考资料、技术数据、设计和施工要求。因此，实际从事设计工作的任何人都须仔细研究政府规范要求并在设计中实施。

本书必须选择一种建筑规范、准则和数据作为标准。尽管其他规范和某些地区具体问题可能不同，但书中讲述的绝大多数的设计方法和原则是通用的。

随着设计和施工实践的发展，新技术和新研究成果的出现，以及人们不断从诸如飓风和地震的特殊破坏中获得经验，建筑规范以及行业标准需要不断修订。实际房屋的设计必须符合现行规范要求，设计者必须仔细确定所用参考材料或与建筑规范相关材料的有效性。

0.6 设计资料的来源

砌体建筑资料丰富。这些资料一般包括以下两类：

第一类主要涉及建筑材料和施工方法，这是各类建筑施工的通用资源。然而，设计者如果主要依靠资料的来源，对提出的资料必须仔细考虑其具体情况下的正确运用。设计资料可能会过高表现地区特征，或者对某些材料、产品或生产过程保有偏见，甚至反映一些出版者局限的观点。

第二类资料是关于结构研究与设计的方法与过程，通常表现为行业标准和带有一些权威性的建筑规范。要特别注意建筑规范应合理用于本领域特殊建筑工程。尽管用于设计过程中的资料必须反映最新的技术水平状况和成功的工程实践，但基本的结构理论和分析技术变化不大。

设计者必须建立自己资料源，这些资料必须尽可能最新，符合有关地区及工程具体情况，并与当前成功的设计施工方法相一致，使用任何出版的参考资料必须仔细评估其可靠性和客观性。行业资料不可缺，但设计者必须理智鉴别出版商特殊的观点。可以依靠砖石制造商提供的材料合理使用砖块，但不能期望砖结构的相关优点替代其他结构。

书后参考文献中列出了本书引用的资料来源，这些资料是可靠的，但并非表示它们是最好且唯一的资料，不同的资料可以适用于不同的情况。

这类资料及其用途概括如下：

（1）建筑规范和行业标准。因为具有法律效应和时效性，一般可作为主要的参考文献。

（2）一般教材和个人出版的手册。如果不是行业特别资助的，这些资料具有客观性，尽管编者和作者的观点和特殊经验可能对材料有倾向性。

（3）材料生产行业的资料。有时对某些具体产品的详细资料是必不可少的，然而，必须认识到它们有促销和广告的倾向。

0.7　结构计算

本书中的计算工作简单可行，仅利用一个袖珍计算器就能轻松完成大部分的结构计算。小数点后三位以后的读数对于精度来说已不重要，将其舍去不影响结果的正确性。在精度允许的范围内将冗长的计算舍去小数点后面一位或几位是明智的。本书中大部分计算，用一个八位的袖珍计算器就足够了。

0.8　计算机应用

在大多数专业设计公司，结构计算利用计算机辅助设计程序完成。对于常规工作有许多标准化软件可以利用，很多重要的数据可从计算机中检索来获取。许多行业和专业机构都提供这种可供购买的软件。

应用计算机辅助设计能让枯燥而复杂的任务处理得更快，容易选择可行的研究方法，且使同一项目中的各个设计工作相互联系起来。许多现行设计规范和标准都包含了计算机辅助设计的有关要求和步骤。

计算机辅助设计的价值随着设计工作的复杂程度或整个计算工作量的加大而提高。本书中大部分内容可不必使用计算机计算，基本目的在于介绍全部计算过程以及相关问题的手算方法和求解步骤。

0.9　计量单位

本书即将出版时，美国建筑业正处在英制单位（英尺、英磅等）向国际通用的公制单位（SI 单位）的过渡时期。全部采用国际通用单位是必然趋势，但在编写本书时，美国的建筑材料和产品供应商仍坚持使用英制单位。结果，许多建筑规则和其他大量使用的参考资料仍然是英制单位（实际上，现在应该称其为美制单位，因为英国已不再使用）。在编写本书时，我们选择给出两种单位的资料和计算，尽管这在一定程度上使工作变得繁琐。为便于使用区分，技术单位一般先是美制单位，紧随其后的括号 [ ] 内是换算后的公制单位。

表 0.1 列出了美制计量单位的标准和缩写，以及在结构工程中的用途。类似这种形式，表 0.2 给出了相应的公制单位及用途，两种单位的相互换算列于表 0.3。

本书的度量单位并不重要，这里所需要的仅是寻求答案数据，首先是明确提出的问题，然后是求解的数学过程，求解结果与单位无关——仅仅是相对值。在这种情况下，我们有时也不一定都列出两种单位制，避免读者混淆。这种情况在本书的练习里可以如此，但一般情况对结构计算中的任何数据解，结构设计人员应该养成明确单位的习惯。

表 0.1　　　　　　　　　　　　　美 制 单 位

单位名称	缩写	用　途	单位名称	缩写	用　途
长度			千磅每平方英尺	kip/ft^2, ksf	面荷载
英尺	ft	大的长度单位，用于建筑图、梁跨度	磅每立方英尺	lb/ft^3, pcf	相对密度，重量
英寸	in	小的长度单位，用于断面图	**力矩**		
面积			英尺磅	$ft \cdot lb$	扭矩或弯矩
平方英尺	ft^2	大面积	英寸磅	$in \cdot lb$	扭矩或弯矩
平方英寸	in^2	小面积，断面图中	千磅英尺	$kip \cdot ft$	扭矩或弯矩
体积			千磅英寸	$kip \cdot in$	扭矩或弯矩
立方英尺	ft^3	大体积，材料特性描述	**压力**		
立方英寸	in^3	小体积	磅每平方英尺	lb/ft^2, psf	土压力
力			磅每平方英寸	lb/in^2, psi	结构应力
磅	Lb	密度、重量，力，荷载	千磅每平方英尺	kip/ft^2, ksf	土压力
千磅	kip, k	1000 磅	千磅每平方英寸	kip/in^2, ksi	结构应力
磅每英尺	lb/ft	线荷载（梁上）	**温度**		
千磅每英尺	kip/ft	线荷载（梁上	华氏度	$^\circ F$	温度
磅每平方英尺	lb/ft^2, psf	面荷载			

表 0.2　　　　　　　　　　　　　公 制 单 位

单位名称	缩写	用　途	单位名称	缩写	用　途
长度			**力（内力）**		
米	m	大的长度单位，用于建筑图、梁跨度	牛	N	力或荷载
毫米	mm	小的长度单位，用于断面图	千牛	kN	1000 牛
面积			**压力**		
平方米	m^2	大面积	帕	Pa	应力（$1Pa = 1N/m^2$）
平方毫米	mm^2	小面积，断面图中	千帕	kPa	1000 帕
体积			兆帕	MPa	1000000 帕
立方米	m^3	大体积，材料特性描述	吉帕	GPa	1000000000 帕
立方毫米	mm^3	小体积	**温度**		
质量			摄氏度	℃	温度
千克	kg	质量（同美制单位中的重量）			
千克每立方米	kg/m^3	密度			

表 0.3 单位换算系数

由美制单位换算为 公制单位所乘系数	美 制 单 位	公 制 单 位	由公制单位换算为 美制单位所乘系数
25.4	in	mm	0.03937
0.3048	ft	m	3.281
645.2	in^2	mm^2	1.550×10^{-3}
16.39×10^3	in^3	mm^3	61.02×10^{-6}
416.2×10^3	in^4	mm^4	2.403×10^{-6}
0.9290	ft^2	m^2	10.76
0.2832	ft^3	m^3	35.31
0.4536	lb（质量）	kg	2.205
4.448	lb（力）	N	0.2248
4.448	kip（力）	kN	0.2248
1.356	ft·lb（力矩）	N·m	0.7376
1.356	kip·ft（力矩）	kN·m	0.7376
1.488	lb/ft（质量）	kg/m	0.6720
14.59	lb/ft（荷载）	N/m	0.06853
14.59	kip/ft（荷载）	kN/m	0.06853
6.895	psi（压力）	kPa	0.1450
6.895	ksi（压力）	MPa	0.1450
0.04788	psf（荷载或压力）	kPa	20.93
47.88	ksf（荷载或压力）	kPa	0.2093
16.02	pcf（密度）	kg/m^3	0.06242
$0.566 \times (℉-32)$	℉	℃	$(1.8 \times ℃)+32$

0.10 数学符号

表 0.4 是常用的数学符号。

表 0.4 常用的数学符号

符 号	符号意义	符 号	符号意义
$>$	大于	$6'$	6ft
$<$	小于	$6''$	6in
$\leqslant$	小于等于	Σ	求和
$\geqslant$	大于等于	ΔL	L 的增量

0.11 术语符号

本书符号与1988年版ACI规范（参考文献4）和1998年版UBC（参考文献1）相一致。以下是本书及参考文献中使用的术语符号一览表。

A_c——混凝土面积；

A_e——砌体净横截面积；

A_g——墙的毛面积，由外部尺寸确定；

A_n——净面积；

A_s——配筋面积；

A'_s——双向配筋中受压钢筋的面积；

A_v——抗剪钢筋的面积；

C——压力；

E_c——混凝土弹性模量；

E_m——砌体弹性模量；

E_s——钢筋弹性模量；

F_a——轴向荷载作用下的容许压应力；

F_b——弯曲荷载作用下的容许压应力；

F_c——混凝土容许轴压应力；

F_s——钢筋容许应力；

F_{sc}——柱内配筋的容许压应力；

F_y——钢筋的屈服应力；

I——惯性矩；

K——砌体的抵抗矩系数；

M——弯矩；

M_R——配筋构件的抵抗矩；

N——轴向荷载；

P——集中荷载；

P_a——配筋砌体柱容许轴向荷载；

R——混凝土抵抗矩系数；

T——轴向拉力；

V——截面上的总剪力；

W——总的重力荷载，水平风荷载；

a——块体面积，配筋截面受压区高度（强度方法）；

b——配筋截面宽度；

b_w——T 形梁翼缘宽；

d——配筋截面有效高度；

e——非轴向力的偏心距，从形心到荷载作用点距离；

f_a——轴向荷载的计算压应力；

f_b——弯曲荷载引起的弯曲压应力；

f_c——混凝土的计算应力；

f'_c——混凝土特定的受压强度；

f_m——砌体计算压应力；

f'_m——砌体特定的受压强度；

f_p——计算承载应力；

f_s——钢筋计算应力；

f_v——混凝土或砌体计算剪应力；

f_y——钢筋特定的屈服应力；

h——墙或柱的有效高度（未加固）；

h'——同 h；

j——配筋受弯构件的内力臂系数；

k——配筋受弯构件中的受压区高度系数；

l——跨度；

n——模量比，E_s/E_c 或 E_s/E_m；

p——配筋率，A_s/A_g；

r——回转半径；

s——中到中的钢筋间距；

t——混凝土板厚，砌体墙厚；

v——剪应力，同 f_v；

w——梁上均布荷载；

ε——应变，总变形除以原长；

ϕ——强度折减系数（强度设计）；

Δ——增量，例如 ΔL 表示长度增量。

第**1**章

砌 体 结 构 材 料

由于材料种类繁多，用于建造砌体结构的材料就有相当多的种类。本章着重讨论砌体结构中的各种材料应用。

1.1 砌块

砌体一般由坚硬的块材砌筑而成。传统的砌筑材料是砂浆。砌块所用材料范围很广，以下是常用的砌块材料：

（1）石材。石材基本上是自然形状（称为毛石或卵石）或切碎成的特定形状。

（2）砖块。砖块包括未经焙烧的风干土坯到耐火黏土砖系列产品，形状、颜色以及结构特性都有相当大的变化。

（3）混凝土砌块（CMU）。由多种材料制成的，有较多的变化形式。

（4）黏土实心砖。黏土实心砖过去广泛使用，有类似于混凝土砌块形式的空心块材。过去曾有很多常用功能目前已被混凝土砌块取代。

（5）石膏砌块。石膏砌块即石膏混凝土的预制砌块，主要用于非结构部分。

砌体的结构特性主要取决于砌块的材料和形状。从材料的观点来看，经过高温煅烧的黏土产品（砖和瓦）最结实，若配以适当标号的砂浆砌筑，采用恰当的砌块排列方式，以及精湛的施工工艺，可以砌筑出非常坚固的结构。这些对传统的无筋砌体尤其重要。

如今所有的砌体结构砂浆层都设置钢筋，但配筋砌体是指配有较多垂直以及水平配筋的砌体结构，与钢筋混凝土结构非常类似。

无筋砌体，无论是相对天然的结构形式（粗糙的、用毛石或风干土坯砖砌的"天然"结构）或严格按工业标准生产的形式，都仍在广泛应用。然而，建筑规范严格限制强风的环境以及多震地区使用无筋砌体。这说明无筋砌体的使用要按地域考虑，例如，美国的南部和西部主要采用配筋砌体，而东部和中西部则有大量的无筋砌体结构。

随着配筋砌体的出现，砌块在砌体建筑结构的整体性中仅是次要角色。这些将在 2.6 节中详细讨论。

砌体结构主要由混凝土砌块组成，砌块有很多规格和形状，能满足完美的建筑外观要求，因此常用于砖、石饰面的砌体建筑结构。

1.2 基本建筑术语

砌体结构发展到现在，还保留了一些传统的结构构件以及源于古代的专业术语，图 1.1 所示为砌体结构中的常用构件。这些术语和构造主要用于砖和混凝土砌块的砌体结构。

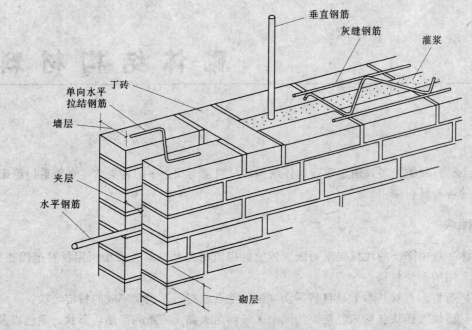

图 1.1 砌体结构的组成构件

通常水平铺砌的砌块，称为平砌层，而垂直面砌筑砌块，称为立砌墙列。很厚的墙体可以由几片墙列组成，但多数墙体通常只有两片立砌墙列，混凝土砌块墙仅单片立砌墙列。立砌墙列直接连接的墙被称为实心墙，如果在两立砌墙列间留有距离（见图 1.1），这种墙体被称为空腔墙。如果在空腔中灌注混凝土，这种墙被称为灌浆空腔墙。

多片立砌墙列必须是单砌墙列以某种形式砌合成一体。如果立砌墙列由砌块连接，连接部分被称为丁砖。传统砌体结构中砖排列形式的变化可实现丁砖砌筑形式的多样化。由于是空腔墙，通常在墙列空隙布置单根拉结筋或钢丝束连接两侧的墙列，不仅为立砌墙列提供侧向约束，也提供少量的水平配筋。

图 1.1 中标注水平灰缝配筋的形式目前普遍用于砖和混凝土砌块建筑中，但规范将其划分为无筋砌体。真正意义的配筋砌体，钢筋是由间隙中的水平和垂直钢筋（类似于在钢筋混凝土中使用的钢筋）组成，并在空腔中灌注混凝土。

砌块的尺寸大小可以由设计人员制定，但砖及混凝土砌块这类工业产品的尺寸一般应符合行业标准规定。砖的规格由长、宽、高这三个尺寸来定义，如图1.2（a）所示。高和长是块材立面，宽是单个墙列的厚度。砖尺寸无单独标准，多数大致符合图中尺寸。

混凝土砌块的制作符合建筑模数要求。如图1.2（b）所示砌块尺寸符合2×4模数的通用尺寸。混凝土砌块有名义尺寸和实际尺寸两种，名义尺寸用于砌块设计并与建筑尺寸的模数统一。实际尺寸主要是考虑3/8～1/2in（0.00935～0.0125m）灰缝厚的情况。图1.2（b）所示的尺寸反映了3/8in（0.00935m）灰缝的应用。

如图1.2（c）所示，无筋砌体结构中有时采用单片墙列砖与单片混凝土砌块墙相连接。为了设置影响砌合的拉结筋，使砖和砌块在顶部拉结。有时会使用特定高度的砖，该高度基于两或三块砖相应于一块砌块高度考虑。

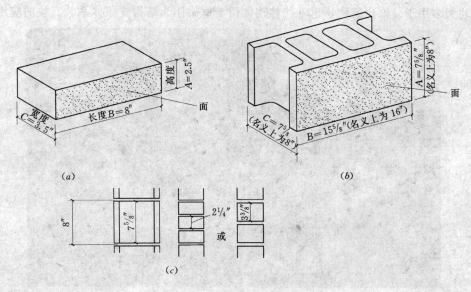

图1.2 砌块的形状和尺寸

大量砖与混凝土砌块的运输既困难又不经济，建造房屋的砌块通常可以就地取材。尽管行业标准对砌块的材料、形状和尺寸都有具体的规定，但在设计工作开始前需要全面了解当地生产的砌块产品。

提示 砌块有两个问题需要关注：块体的表面和块体的砌合方式。砌合方式取决于块体的形状以及砌筑要求。这些关注使得古典砌合方式进一步发展，其他一些砌合方式也得到广泛利用。尽管如此，传统形式如错缝砌合、英式砌合等仍被广泛利用，参见第3章。

砌合方式最初是满足砌筑需要，实际上，砌合方式也需要满足结构要求。配筋混凝土砌块砌体的主要问题是需要调整混凝土砌块的空隙便于放置竖向钢筋。总之，砌合方式对无筋砌体更重要。

1.3 石材

在远古时期，最早的砌体形式就是利用随处可见的石头砌成的，将石头简单地堆砌形成简陋的结构。随着堆砌工艺的发展，人们不断总结出如何使得堆砌物更加稳定而又耐用的经验。随着堆砌工艺日趋完善和先进工具的发明应用，石头被加工成更加适合砌筑的形状，从而产生精细成熟的建造业。

　　为阻止石堆中的昆虫和寄生虫孳生，以及抵御寒风侵袭，人们考虑到密封墙。这些各种非结构因素开始了砂浆的砌筑时代。砂浆被证明是砌筑的良好材料，其作为结构材料的潜力得到人们的认同。至今，精细砌筑和自身平衡的石块使石砌体的基本强度和稳定性仍为最好。

　　通常由于石块太重而不能远距离运输，因此即使是先进的社会也必须就地取材。这产生出许多不同形式和构造的石砌体，反映了这种材料在使用上的限制和潜力。

　　堆砌石头有多种用途（见图1.3），它外观表现出粗犷和天然的特性。尽管如此，当今石块大多用于装饰建筑物，也常代替砌体用于框架作为结构支撑体系。石块的应用将在

图1.3　石块堆成的结构：非常古老的历史遗产

第 5 章中讨论。

1.4 烧结黏土砖

砌块是由耐火黏土砖发展而来，人们最熟悉的就是砖，但耐火黏土空心砌块先于混凝土块发展，至今仍有一些用途。19 世纪末到 20 世纪初，人们开始大量采用赤土陶器来仿效石块特有的纹理。

在石块稀少的地区，人们最初采用制作陶器的未经烧制的黏土——仅仅是风干、硬化的泥块来建造早期的砖结构。当人们发现含有大量黏土成分的泥土经煅烧后成为坚硬、耐久和防潮材料之后，砖结构就随着砂浆产生得到了进一步发展。

早期砖因为粗糙而且不美观而被建造者忽视。之后，随着砌筑工艺的逐渐完善和材料的发展，许多著名的砖结构建筑物获得成功。至今，砖结构建筑以吸引人的外观为人们所喜爱，甚至还被人们用其他多种材料来仿效。

耐火黏土砖的引人之处在于其外观的多样性，它能利用各种形式的模具和材料来获得自然又富有光泽的外观形式。借助砖块的排列和砂浆灰缝形式的变化，黏土砖的选择范围更为广阔。

1.5 混凝土砌块

19 世纪，预制混凝土砌块就应用于最早使用混凝土的建筑结构中。如今所用的混凝土砌块符合工业化标准模数和规格，出现了大量各种形式和外观精美的砌块。图 1.4 中所示为机制标准砌块的简单形式，共有两种砌块分别用于如下两种砌体结构形式：

（1）无筋混凝土砌块砌体。图 1.4（a）所示通常为单立砌墙列形式。尽管用于非重要结构的轻质混凝土砌块可制成薄型，但砌块的表面以及纵横肋交叉部分一般非常厚。虽然也有可能放置垂直钢筋并在孔中灌浆，但这不是配筋砌块结构的典型形式。建筑结构的整体性主要取决于块体的强度和砂浆质量。竖向错缝砌筑可增强块体间的黏结。

（2）配筋混凝土砌块砌体。典型配筋砌块如图 1.4（b）所示。这种砌块有相对大的独立孔洞，用混凝土填实垂直孔洞形成小的混凝土配筋柱。图 1.4（c）所示水平钢筋一般设置在改进过的砌块层中。图 1.4（d）所示砌块通常用于开洞墙上方作为过梁。

混凝土砌块的生产已有多年历史，生产原料有普通混凝土（砂、石）和多种合成骨料的轻质混凝土两种。轻质砌块最初仅用于非承重结构，现在也

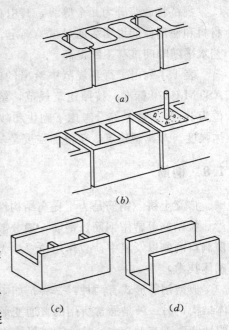

图 1.4 混凝土砌块的标准形式

用于配筋结构。当今混凝土的新材料发展很快，呈现出很多新品种的混凝土砌块，如纤维增强混凝土、超高强混凝土、防水混凝土以及其他多种老式材料的变化形式。

如前所述，现在砌体结构大部分还是混凝土砌块砌筑的，本书中的大多数的结构设计实例用的就是混凝土砌块。第 4 章将阐述混凝土砌块的使用和建造的不同结构形式。

1.6　其他砌块

能构成砌体的块材范围很广，包括冰块、块煤、废瓶子和贝壳等。任何一种坚固、耐久且能与砂浆共同工作的都可以使用，前提是必须有完善的建筑规范。然而，除了砖和混凝土砌块之外，其他块材在建筑规范中很少见。本书的设计实例也仅采用基本砌块，其他砌体形式将在第 6 章中讨论。

砌体这一名词能扩大到材料和结构形式的更大范围，大大超越了它的传统范围。随着配筋结构的发展以及不同材料的复合使用，新品种不断出现。例如，可采用非砌体材料砌筑混凝土结构，如同配筋结构内形成混凝土砌块，但难以划分建筑类型。

1.7　砂浆

砂浆一般由水、水泥和砂组成，并添加一些其他材料来加强砂浆的黏结性（以便在砌体的砌筑过程中黏结砌块）、快硬性和施工过程中的可塑性。建筑规范中提出了关于砂浆的许多规定，包括砂浆等级的划分和施工中的具体使用方法。无论作为结构材料，还是作为块材的黏结材料，砂浆的质量对结构整体性的重要性都是显而易见的。砌块的整体性主要依靠生产商，而抹灰工作的质量主要取决于工人的砌筑技术。

规范将砂浆分为几个等级，其中高等级砂浆主要用于结构用途（承重墙、剪力墙等）。材料和使用性能说明需通过试验确定。砂浆配制好坏仍主要取决于建筑者的技术，建造工艺水平随时间推移不断提高。

表 1.1 列出了行业规范中给出的砂浆基本等级。这些来自美国材料试验协会出版的 ASTM C270 标准。按照建筑规范，结构应用的基本性能规定为设计强度，记作 f'_m，单位为 lb/ft^2。这是综合考虑了砌块和砂浆强度，并通过对大量的试件试验验证后真实的砌体强度。对典型建筑，获得的强度是基于砂浆和砌块强度。

1.8　钢筋

广义上讲，钢筋是为了提高结构性能，结构钢筋包括用于壁柱、支撑中的钢筋以及铅丝、拉结筋等常用钢筋。钢筋一般分散设置，也可在关键部位设置，如在墙端、墙顶、门窗洞口两侧以及集中荷载作用位置。无筋以及配筋砌体配筋的形式和钢筋类型可参考配筋砌体技术。

典型钢筋形式有两种：一种是如图 1.1 所示置于水平灰缝的粗钢丝，多数用于无筋砌体结构；另一种是通常所用的普通变形钢筋，类似于钢筋混凝土结构钢筋。标准变形钢筋的性能列于表 1.2 中。其他钢筋形式将在后面章节中介绍。

表 1.1   砂 浆 类 型

符号	用　途	28 天平均抗压强度		水 泥 体 积		
		psi	MPa	波特兰水泥	砌体水泥	水化水泥
M	高强度，用于高应力及地下工程	2500	17.2	1 1	1 —	— ¼
S	中高强度	1800	12.4	½ 1	1 —	¼～½
N	中等强度，用于外露工程及较低要求工程	750	5.17	—	1	½～1¼
O	中低强度，用于外部，非承重构件	350	2.14	—	1	1¼～1½
K	低强度，用于外部，非承重构件	75	0.52	1	—	2½～4

表 1.2   标准变形钢筋的特性

尺寸	名 义 直 径		名 义 面 积		名 义 周 长		重　量	
	in	mm	in^2	mm^2	in	mm	lb/ft	kg/m
3	0.375	9.52	0.11	71	1.178	29.92	0.376	0560
4	0.500	12.70	0.20	129	1.571	39.90	0.668	0.994
5	0.625	15.88	0.31	200	1.963	49.86	1.043	1.552
6	0.750	19.05	0.44	284	2.356	59.84	1.502	2.235
7	0.875	22.22	0.60	387	2.749	69.82	2.044	3.042
8	1.000	25.40	0.79	510	3.142	79.81	2.670	3.973
9	1.128	28.65	1.00	645	3.544	90.02	3.400	5.060
10	1.270	32.26	1.27	819	3.990	101.35	4.303	6.404
11	1.410	35.81	1.56	1006	4.430	112.52	5.313	7.907
14	1.693	43.00	2.25	1452	5.320	135.13	7.650	11.380
18	2.257	57.33	4.00	2581	7.090	180.09	13.600	20.240

1.9　过梁

砌体墙开洞上方搁置过梁（在框架结构中称为顶梁）。通常认为，砌体过梁承受的荷载为 45°等边三角形范围内砌体墙重，如图 1.5（a）所示。洞口上的其余墙重则由墙洞口两侧的支承部分承担，如图 1.5（b）所示。但是，许多实际情况并没有按照这种假定。

如果开洞上方墙高小于相应的洞口宽度［见图 1.5（c）］，过梁设计中最好考虑全部墙重。即使设计考虑了荷载作用位置和墙体高度，但利用墙体支承上部作用的荷载也是可行的。如果上部作用荷载离洞口有相当大的距离过梁可设计成仅支承三角形范围内墙重荷载［见图 1.5（d）］。然而，如果上部作用荷载离过梁的距离很短［见图 1.5（e）］，即使实际为三角形范围内墙重荷载传递，但过梁设计时应考虑承担所有的外加荷载。

过梁的形式很多，在很久以前，过梁是由切割成型的大石块构成，现代许多情况的过梁是由预制或砌墙过程中现浇的钢筋混凝土制成。配筋砌体结构中，通常采用配筋砌体过梁，如果砌体采用空心混凝土砌块，过梁就制成如图 1.6（a）所示的 U 形块体。如果荷

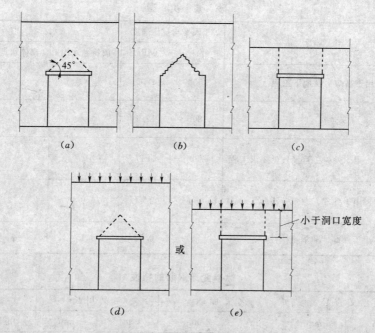

图 1.5   过梁设计考虑因素

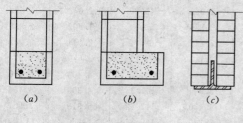

图 1.6   过梁的形式

载较大,可以增加过梁宽度,如图 1.6 (*b*)所示。

无筋砌体墙的过梁一般由热轧型钢组成。两片立砌砖墙列间的连接更适合采用如图 1.6 (*c*) 所示的倒 T 形型钢构件。根据荷载和结构构造的不同,可选用不同的截面类型,如单角钢、双角钢以及多种截面组合形式。

1.10   附件

除砌块、砂浆以及普通钢筋这些基本构件外,砌体结构中常采用许多特殊的构件。这些部件的基本任务是在施工中黏结砌体表面装饰材料以及控制缝、密封缝和隔热材料的应用。这些部件的使用将在下面阐述,有些一般性的问题将在后面讨论。

1. 附属连接件

类似混凝土结构,砌体施工中有时也需要附属连接件。应预先了解附属连接件如锚固螺栓、螺纹套筒等一些装置的使用性质和确切位置,最好提前预埋。调整附属连接件时必须考虑到施工精度的限制,特别要注意连接件在砌体中的准确定位,尽管附属连接件也会受钻孔锚固或黏合的影响,但对其精确位置约束较小。这是建筑物施工和整个建筑结构整体性的重要而实际的问题,一定程度上也是砌体建筑施工的关键,正如木结构与钢结构中不能简单和直接使用钉子、螺丝和焊缝一样。

2. 控制缝

砂浆收缩、温度变化以及由地震作用或地基沉降引起的位移是砌体结构中因开裂导致破坏的主要原因。配筋可以在一定程度上控制应力集中和开裂，尽管如此，一些控制缝（按规定，预先设置的裂缝）通常也被用来减轻这种影响。然而，控制缝的设置和构造是一个复杂的问题，必须仔细研究结构和建筑两方面的规定要求。同时，规范的相关规定、行业推荐措施以及当地基本情况的施工实践经验都可为这项工作提供技术指导。

3. 密封缝

建筑物的封闭结构通常要求采用不透气的防水缝。连续砌体结构一般不会渗水，但需要特别关注非连续结构中由控制缝或其他材料的连接部位，砌体一般是刚性的、不变形的构件，而其他材料会产生大小不同的收缩、结构受力变形和热膨胀等有关砌体的位移。密封缝不兼备其他控制缝的功能，如传递荷载、热量突变和耐火等。密封缝通常在砂浆缝的外层，因此外观成为主要控制因素。

4. 隔热材料

寒冷气候条件下保温性能是关键，因此，寒冷地区更要关注适宜的结构形式和施工方法等相关问题。寒冷气候条件下室内外温差很大。建筑物冰冷外墙的散热快慢是影响居住舒适性的大问题。在建筑物外表面或粗糙面采用保温隔热材料，或者在非实心砌体的夹心墙或砌块的孔洞中使用保温隔热材料，可起到较好的效果。对无遮掩的砌体建筑，保温隔热材料研制要求更高。

第2章

砌 体 结 构 形 式

建筑物可以采用多种砌体结构形式。本章将阐述常用的砌体结构形式并讨论设计中出现的问题。

2.1 结构的历史形式

许多仍在使用的砌体结构形式都源自于古代。图 1.3 所示的简单石块堆起的结构可能是人们早期建造的。

如今砖结构的基本构件与古代遗迹有相似之处。然而，古代建造的方法和材料与今天的相比有很大差别。当今，砂浆质量远远高于过去，工业化生产使砖的规格更加统一。然而一些建筑物仍与古代建筑紧密联系。例如，埃及金字塔或哥特大教堂这样的巨大石砌结构，不可能在今天重新建造。由于新材料的不断出现、手工建造工艺的退出、螺旋状上升的劳动力价格等综合因素，很多过去的建造技术不复存在。

虽然对过去使用的建造方法、材料和构造措施的研究仍具有一定的文化价值，但对发展新的结构形式意义已不大。过去优秀的建造工艺继续沿用，并在现代建造技术中受到保护。当今的历史性建筑主要是模仿和借鉴，而非真实的传统技术（见图 2.1）。

2.2 现代砌体结构

砌体结构形式受人们欢迎有许多原因，并非只是结构特征的因素，砌体结构耐火、耐腐蚀、耐磨损、耐久的特征和人们的真实感觉使其以优良的质量为公众所喜爱。当引人入胜的品质展现出来时，人们完全接受了砌体结构的形式。砌体结构严格地承担结构的实用功能，以及施工建造技术之外的装饰材料应用，使其不得不与其他形式的材料和结构体系竞争。

图 2.1　源于古代的砌体建筑表面形式：土坯和灰泥

任何砌体形式，无论古代或现代的，只要经济能承受的都可以生产。若要实现经济的目标，砌体结构的选择则会大大得受到限制。即使主要考虑建筑物外观，用真正的砖或石块砌筑的造价也是难以接受的，而只能满足建筑。

2.3　非结构砌体

砌体材料在房屋建筑中有多种用途。耐火黏土砖、预制混凝土砌块、毛石或卵石可用于地面、墙面或非承重墙（隔墙或幕墙）。的确，现代建筑中大多数看上去是由砖、毛石或卵石砌筑的墙，实际上可能只是表面镶饰砌体材料的建筑。

在这些情况下，砌体的结构实用性很小甚至没用。但在砌体建筑发展中，关注砌体结构承重墙、剪力墙等仍然必要。即使没有涉及结构特性或结构安全性，砌块和灰缝的砌筑质量对砌体的使用都至关重要。这点也可以扩展到砌体收缩、温度变化、非连续体应力集中，以及材料一般性能的其他方面。从建筑外观来看，裂缝是非结构砌体和砌体承重墙严重的表面缺陷。

砌体可为结构变形缝、锚固和支撑提供饰面和非承重部分，使得非结构砌体的用途很广，因此许多情况都有推荐的构造措施。这些主要内容不在一般建筑结构讨论范畴内，所以本书没有涉及。

非结构应用砌块具有重要砌体结构建筑应用砌块的相同结构性能。一些高强砖经过烧结变得坚硬且色彩亮丽。然而，装饰砌体也可能采用一些低结构等级材料，甚至有些不能用于砌体结构的材料。石膏砖、轻质混凝土砌块以及一些无硬度砖能满足结构要求使用的很有限，也很少用于风雨或其他恶劣环境。

非结构砌体建筑的一个问题是其不具备结构作用。如果是真正的砌体（真实砌块和砂浆构成或灌浆砌体），通常有较大刚度。正如轻质木框架墙体结构的抹灰面，在支承结构发生弯曲变形时可以抵消荷载作用。这一现象导致了许多非结构砌体（和抹灰）裂缝。施工中必须对这些潜在的问题进行仔细研究，采用柔性连接、变形缝和配筋等可以减轻这种情况。

提示　非结构砌体的一个特殊问题是地震作用时非结构砌体部分缺少支承作用。实际上，可能很多建筑结构不能抵御较大的侧向荷载，但非结构墙却给予了有效的支撑作用。因此，某些情况下，刚性部分的加固作用将显著改变建筑物的反应。

2.4　砌体结构

无筋砌体结构已持续了几个世纪，这种结构形式仍在广泛使用。尽管该结构形式在地震频发区域不被看好，但大多数建筑规范认为其可在规范限制条件下应用。随着设计和施工质量的提高，该结构应用范围可能多于现行标准规定范围。

如果基本上是无筋砌体结构，建筑的特性和结构整体性将取决于砌筑质量。同时，砌块强度、形状、铺砌方式、砂浆质量、建筑形式和构造措施都很重要。重视建造的每个环节，包括设计、编制规程、构造措施以至砌筑过程的仔细检查，才能确保优质建筑工程。

无筋砌体结构应用有限，且其普通构件的结构设计计算一般也很简单。因为考虑到地区不同，由当地材料、施工实践以及各种建筑规范要求的设计资料和过程也会有较大的不同，我们犹豫是否应该列举这方面的例子。许多情况，允许不满足结构需求的建筑形式仅仅是因为它们在当地已成功使用了许多年。不过，普通的问题和过程的典型情况和基本原理仍然存在。下面讨论无筋砌体设计的主要问题。

1. 最低构造

如同其他建筑形式，为满足建筑的各种要求产生了小型建筑。建筑设计规范反映出行业标准产品的标准化和分类化。结构用途通常与规定的最低砌块强度，砂浆等级和施工实践相联系，有时还与配筋需求和其他加固方法相联系，于是产生了满足规范用途的一般建筑功能的基本形式。许多情况下，非重要建筑不需要结构计算，仅仅是符合规范规定的最低要求。

2. 砌体设计强度

与混凝土一样，砌体的基本强度可以用抗压强度来表示，即标准抗压强度 f'_m。f'_m 值通常根据砌块强度和砂浆等级来确定，列于规范的条文说明中。

3. 容许应力

一些受拉或受剪情况下可直接规定容许应力或由规范确定 f'_m 的变化值。在任何情况下其有两个值，即规范规定需要和不需要专门检查的强度值。小工程项目通常可以免去专门检查的要求。对于未完全灌浆的空心砌块建筑，应力的计算应基于空心砌块的净截面面积。

4. 避免受拉

规范通常允许弯曲受拉产生较低拉应力，但许多设计师更喜欢在无筋砌体设计中避免拉应力。旧时的工程定义砂浆为"使砌块保持隔离的材料"，这反映出对砂浆的黏结作用缺乏信任。

5. 增强砌体结构

砌体结构强度可以通过以下多种方式来提高：

（1）配置钢筋。通常采用竖向钢筋来提高抗弯能力和抵消局部应力；采用水平 U 形钢筋减少收缩和温度变化产生的应力作用。建筑上有时将配置竖向钢筋也归类为无筋砌体。

（2）使用不同的结构形式（见图 2.2）。墙端增加一个转角可以提高结构不连续边缘的稳定性和强度［见图 2.2（a）］。增加壁柱可用来提高墙端强度或增加墙体中部的支承作用［见图 2.2（b）］。当墙体厚度较小时一般通过设置壁柱来抵抗较大的集中荷载。平面内弯曲墙体［见图 2.2（c）］是另一种提高墙体稳定性的方式。

建筑物的转角和门窗洞口周边是通常需要加固的部位，图 2.2（d）所示为加大门洞周边墙体。如果洞口上方是拱形，增大的边缘也可以像一个拱跨越洞口，如图 2.2（e）所示，或采用较强的材料增强墙和拱边缘，如图 2.2（f）所示。在历史上，建筑物拐角的增强通常采用大石块构成转角，如图 2.2（g）所示。

通过采用不同的砌块改变洞口上方的过梁形式。过去常使用的水平过梁一般由毛石构成。早期庙宇建造者发现石头的横跨能力受到其较低的抗拉强度限制，故使得柱的跨距很小，这也是埃及、希腊及罗马庙宇的一个建筑特征。如 1.9 节中所讨论，过梁现在更多的发展就像配筋砌体或钢筋混凝土一样，在其内部插入钢筋，如图 2.2（h）所示。

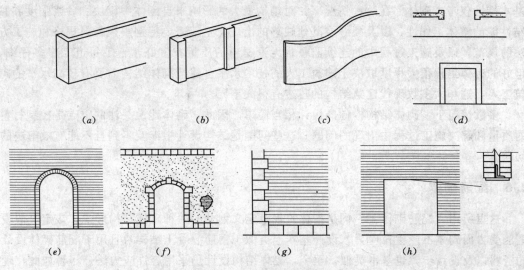

（a）　　　　　（b）　　　　　（c）　　　　　（d）

（e）　　　　　（f）　　　　　（g）　　　　　（h）

图 2.2　砌体结构的增强方式

图 2.3 所示为古代砌体结构构造处理。早期建筑物的转角与洞口的增强通常采用毛石砌块建造来实现，这些建筑大多数产生于 20 世纪早期，然而，图片中的"石块"实际上

是预制混凝土块。

图 2.3 砖墙建筑采用石块增强转角（实际为预制混凝土砌块）

2.5 无筋砌体

如前所述，配筋砌体能被大家真正接受。当代结构中无筋砌体结构（规范定义的）很少。即使在许多被划分为无筋砌体的工程中也使用钢筋。因此，必须认识到，建筑规范所指的配筋砌体结构只是局限于某些建筑结构形式。

然而，必须认识到无筋砌体区别于配筋砌体之间的关键是：结构基本无配筋，且结构基本特性仅考虑砌体。在这种情况下，对结构最大的影响来自砌体中砌块、砂浆强度和黏结性能的整体工作性，以及裂缝或其他缺陷的出现。这就需要特别重视材料规格和施工方法的规范，以及施工过程中的连续监督。无论材料的质量有多好，施工每道工序多仔细，但好的砌体工程很大程度取决于建筑工人的技术水平。建造砌体结构需要有较高水平的砌筑工人，这和大多数现代建筑结构的建造有很大不同。

多数情况下，砌体结构构件的设计相当简单。因此，砌体建筑关注的重点是控制材料的质量和解决施工过程中出现的问题。这些问题是结构设计中涉及不到且不能有效解决的问题。

2.6 配筋砌体

这里所用"配筋砌体"一词是指建筑规范定义划分的一种砌体结构形式。该定义假设钢筋受力而砌体不产生拉应力，设计基本上类似于钢筋混凝土结构，且用于配筋砌体设计的资料以及设计步骤也基本类似。至今，砌体结构设计仍采用容许应力法。尽管如此，现行的行业标准和一些建筑规范（包括1998年版的UBC）也在提倡设计中研究和使用强度设计方法，如同强度设计方法在混凝土结构设计中那样复杂和抽象。在本书中，我们选择使用较简单的容许应力设计法，许多例题的计算都采用了这种简化处理方式；我们更关注解决问题的基本研究方法，而不是特殊的研究方法。

1. 配筋砖砌体

典型配筋砖砌体的构成如图 1.1 所示，图中所示墙体由两片墙层及它们中的空腔组成。按规范技术上的要求规定，若空腔被完全灌浆填实，则称为灌浆砌体。墙层之间可采用砌块连接，但是大多数情况是在砂浆层采用钢丝网拉结筋，如图 1.1 所示。如果在灌浆空腔内放置垂直和水平钢筋，则称为灌浆配筋砌体。

配筋砖砌体墙的设计规定和步骤类似于混凝土结构墙。规范给出了竖向受压、受弯和受剪的各类结构墙最小配筋率和竖向压应力限制规定，结构试验研究基本上与空心砌块砌体类似，这将在下一小节讨论。

尽管有了配筋，建筑形式基本上仍然是图 1.1 所示的砌体结构，更多的是依靠砌体本身的质量和结构的整体性能——特别是施工过程中铺砌砌块的操作技能以及建造全过程的管理。空腔灌浆配筋层通常被认为是第三片墙层，构成很薄的配筋混凝土墙。尽管它对砌体结构强度的提高作用相当大，但大部分的结构仍是由实心砖砌体构成。

2. 配筋空心砌块砌体

配筋空心砌块砌体通常大多数由单片墙层构成，如图 2.4 所示。孔洞垂直排列，使其内部可以形成小的钢筋混凝土柱。每隔几层在水平层中也配钢筋从而形成配筋混凝土构件。竖向和水平混凝土构件在墙体内交叉形成劲性框架，从而成为该建筑物的主要结构构件。此时，混凝土砌块不仅为劲性框架提供模板作用，成为框架的支撑，还为钢筋提供保护，混凝土砌块和刚性框架相互作用构成复合结构，因此，这类结构主要特征取决于墙体空腔中的混凝土框架。

图 2.4　混凝土砌块配筋砌体的一般形式

规范规定，钢筋最大中心距为 48in（1.2m）；这样墙体内的混凝土构件不论垂直还是水平最大间距都为 48in（1.2m）。若砌块长 16in（0.3m），意味着每隔 6 个垂直孔洞需灌浆。若砌块约 50％的净截面积（一半实心，一半空心），意味着建筑物中至少约有 60％面积是实心的。

如果所有的孔洞都灌浆，结构墙成为完全实心。这种情况通常用于挡土墙和基础墙结构需要，也可用于需要增大墙截面面积来降低应力水平的情况。最终，如果在所有的竖向孔洞中配筋（不再是每隔 6 个孔洞灌浆），那么这种包含钢筋混凝土的结构不仅仅可以提高墙体的竖向承载能力，还能显著提高墙体的横向弯曲能力，当荷载较大时出现剪力墙即是这种方式的发展。

关于剪力墙的受力性能，规范定义了两种情况。第一种情况，墙体仅有最小配筋率的钢筋，认为墙体剪力由砌体承担；第二种情况，由墙体内设计配置的钢筋承担所有的剪力。两种情况下均按容许应力考虑，包含第二种情况按设计配置钢筋承担所有的剪力。

配筋砌体的典型构件的设计将在第 3 章和第 4 章中讨论。

全灌浆砌体与空心砌体中配筋有类似之处，这个概念可用于采用其他任何材料建造的墙体，只要在其基本结构内填充混凝土和钢筋，就可获得整体刚性框架的作用。实际上，也有许多这类建筑结构存在，浇筑混凝土砌块时插入泡沫塑料和其他的惰性填充材料作为非结构构件，结构受力简化为混凝土框架。这种结构形式的变化是利用预制混凝土空心砌块的孔洞，现场浇灌混凝土和配置钢筋形成结构。这种结构不能确切地说是砌体结构，但它属于空心砌块混凝土结构。

2.7　饰面砌体

饰面就是通过结构表面的涂料或装饰层，获得坚固、自然的材料外观。饰面可以是结构表面胡桃木的软木胶合薄板，也可以是以背砌结构为支撑面的单片砖墙层。许多砌体饰面极力表现出传统砌体结构的外观。大量新的建筑饰面表现为砖或石块的砌体结构，而实际上是饰面建筑。艺术家并不赞成这种饰面建筑，但饰面建筑却得到了广泛的应用。

许多方式可以获得砌体的"外表"，包括外包成型塑料片、薄瓷砖以及纤维增强钢筋混凝土形成并上色的仿制砖石，甚至仿制大理石或花岗岩的"人造石材"都有很广的使用范围，薄板是幕墙体系中的一个相对轻的填充构件。最近的新建筑基本上是仿制砌体，但本书的内容一般限于"真实"的砌体，不涉及任何哲学评判。因此这里所讨论的是用砂浆砌筑的砖和石块的饰面砌体。

饰面砖厚度一般为 3～4in，太薄则不能直立在完整的一层高度上。单片墙层饰面需要横向支撑，或以某种方式支撑在结构上。实际上任何结构都可以提供支撑，其范围可从砌体（常用混凝土砌块）到轻质木结构。在砌体的支撑下，饰面和支撑结构连接成一个整体［见图 2.5（a）］。但最常见的是在空腔用拉结筋将砌体饰面和支撑墙体联系起来［见图 2.5（b）］。也有在中间的空腔内放入隔热材料以利于建筑物的隔热，但这必须在空气夹层顶部排气，在底部排水以避免水的凝聚。

大多数的饰面砌体为非结构构件，但有时也需要与砌体结构协作支撑，这需要在设计和构造中考虑支撑砌体与饰面之间的关系。由于本书主要涉及结构砌体，关于饰面砌体的

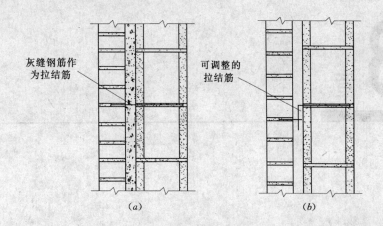

图 2.5 砌体结构的砖饰面

（a）背砌为混凝土砌块的复合结构灰缝处的连接；（b）背砌为
混凝土砌块支撑的承重结构与非承重砖饰面的连接

讨论仅限于饰面和砌体支撑之间的关系。

2.8 结构设计标准

砌体结构大多数用于相对简单的情况，且其结构分析和设计都不复杂。无筋砌体主要用作受压构件（承重墙、桥墩、基础、柱），且大部分仅是简单的直接受压构件，有时是弯压组合构件。

配筋砌体的特征仿效钢筋混凝土，其分析方法也来自于钢筋混凝土结构。尽管现行规范大多提出了强度以及极限荷载设计法，但容许应力方法仍广泛使用。

本书所阐述的分析及设计步骤限于非常简单而又普通的结构构件。以下是本书这部分内容所使用的基本参考资料：

《统一建筑规范》，1998 年版（参考文献 1）。

《砌体结构建筑规范》，ACI 530－88（参考文献 4）。

《砌体设计手册》，第 4 版（参考文献 7）。

《配筋砌体设计》，第 3 版（参考文献 8）。

此外，本书还引用了美国砖石学会及美国国家混凝土砌体协会的各种资料。

第3章

砖砌体

　　砖是由古代的干泥块发展而来。当干燥硬化制成一定形状，砖块被称为晒干砖或土坯砖。当用烧制黏土材料制成陶瓷制品的技术发展成熟时，普通的砖块才被制成耐火砖。至今这仍是制造砖的主要的方法，并且主要由黏土为原材料。在今天，土坯砖砌筑的建筑应用很有限，这将在6.1节中介绍。本章中讨论的砌筑建筑物的砖主要是商业产品——烧结黏土砖。尽管预制混凝土也可以制造出便宜的"砖"，但真正意义上的砖仍被认为是烧结黏土砖。

3.1　砖的类型

　　许多砖产品的用途不是用于结构，而主要用于外观的控制，称为饰面用砖。用作结构功能的砖称为建筑用砖，一般符合 ASTM 标准 C216 的规定。表3.1列出了 ASTM 标准规定的三个等级的建筑用砖和它们的一般使用条件。

表 3.1　　建筑用砖的等级划分

等级 (ASTM C216)	一般外部 情况	基本使用条件
SW	恶劣气候	等级低，或任何气候恶劣地区的外部环境
MW	适宜气候	一般等级，气候适中的地区
NW	无需考虑气候	室内或阴暗的环境

　　砖通常被制成扁而长的形状，如图3.1所示，置放于建筑物墙中，位置见图示。使用时，砖的各个面都有特定的术语表示。砖的正面是指它在墙中的正常位置，可从墙的正面看到。显然，当墙的表面暴露在视野内时，砖的正面成为人们关注的中心，由此可以看见砖的尺寸、颜色以及砖的材料质地。

　　砖的应用很普遍，其尺寸却没有统一标准，适于各种用途的砖尺寸列于表3.2。地区的差异和制造商特制的产品提供了很多可用的种类。表3.2中描述了在建筑中使用的标

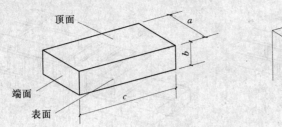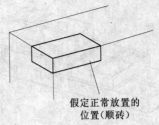

顶面

a

b

端面

c

表面

假定正常放置的
位置(顺砖)

图 3.1 砖的常用术语

准模数制的砖,其三个方向的尺寸一般都符合 8in (0.2m) 的模数〔标准的 8in (0.2m),或者是乘以 8in (0.2m) 和乘以 16in (0.4m) 的模数作为标准的建筑单位〕。

古罗马建筑者使用大而薄的罗马砖,它们被制成如此之薄的一个原因是这样砖可以尽快晒干、尽快投入使用(为了在敌军到来之前修筑好防御工事)。

单墙层的墙体中使用大尺寸砖,墙厚的名义尺寸为 6in (0.15m),多数用于小而低的建筑。由于尺寸大,常做成中空的黏土瓦片和混凝土砌块。

表 3.2   常 用 砖 尺 寸

说明	尺寸① [in (mm)]			用 途
	厚度 a	高度 b	长度 c	
标准砖	$3\frac{3}{4}$ (0.09)	$2\frac{1}{4}$ (0.06)	8 (0.2)	一般建筑
模数砖	$3\frac{5}{8}$ (0.09)	$2\frac{1}{4}$ (0.06)	$7\frac{5}{8}$ (0.09)	三维建筑设计,8in (0.2m) 模数
罗马砖	$3\frac{5}{8}$ (0.09)	$1\frac{5}{8}$ (0.04)	$11\frac{5}{8}$ (0.29)	垂直方向 2in (0.05m),墙面水平方向 12in (0.3m)
大尺寸砖	$5\frac{5}{8}$ (0.14)	$3\frac{5}{8}$ (0.09)	$11\frac{5}{8}$ (0.29)	用于单片立砖墙,墙厚 6in (0.15m)

① 见图 3.1。

3.2 砖墙的砌筑方式

如图 3.1 所示,砖墙中最常见砌筑方式时将砖平砌,长而薄的边作为正面,这种铺砌称为顺砌。根据各种不同用途,砖有时也可以按如图 3.2 所示的其他方式砌筑。

有两个及多个墙层的墙中经常采用标准砖,这种情况下,为增加建筑物的稳定,需要把各墙层拉结一块(常称为连接)。连接也可以通过砌块来实现,即砌筑中常将砖块方向垂直调转,使砖的端面贴于墙面,砖长连接两个墙层。如果砖平面朝下砌筑,被称为丁砌〔见图 3.2 (a)〕;如果正面朝下砌筑,则被称为斗砌〔见图 3.2 (b)〕。

传统砖砌工艺中,另一种基本的砌筑方式为立砌〔见图 3.2 (c)〕。这种砌筑不是特殊的功能,仅仅是一种建筑的手法,有时用来提高墙顶部高度,或者用于洞口的顶部或底部。

基于常用的顺砌和丁砌的砌筑方式,许多古代建筑者发明了经典的墙面形式,如图

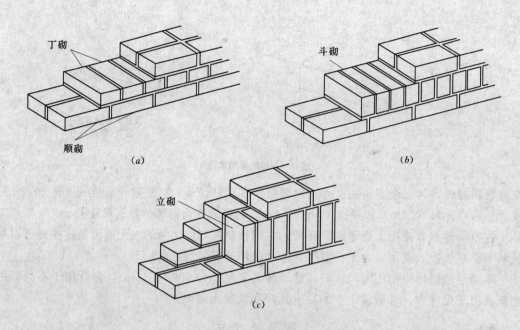

图 3.2 砖的铺砌方式

3.3 所示。尽管现代砖砌体结构常采用拉结筋来联系各墙层（见图 2.1 节点的钢筋），但其形式仍为古典式。

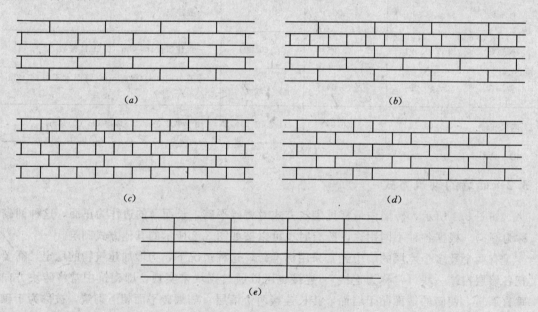

图 3.3 砖墙的正面图案
(a) 错缝砌合；(b) 普通砌合；(c) 英式砌合；(d) 弗兰德式砌合；(e) 通缝砌合

堆砌是一种特殊类型的砌筑方式，其中块材在水平和垂直方向简单而整齐地排列在一起。如果建筑的连接只是通过砌块而缺少砂浆连接，显然不是一种可靠的砌筑模式。但是，如果墙层之间采用全灰缝钢筋连接，而且全配筋灌浆密实，则是一种可靠的砌筑方式。

从基本的砌筑方式出发，采用一些变化的形式是可行的。事实上，古代建造者通过许多现在众所周知的技巧已经实现较大的变化。简单的技巧包括砌筑过程中砖列稍微的凸出（外伸），或者与此相反，砖列凹进。生产特殊形状的砖块可用于砌筑各种模式的拱以及曲面墙（见图3.4）。

实心砖可以用专门的锯切割成整洁而平滑的块体。这在一定程度上释放了特殊砖尺寸对光面建筑尺寸的束缚，一般用于墙体的水平方向。然而，切割砖以适应它们的高度较难把握，因此，竖向砖列应该根据砖的竖向尺寸做好计划，包括选择合适的砂浆层。

图 3.4（一） 砖砌体的不同形式

图 3.4（二） 砖砌体的不同形式

3.3 砂浆缝

过去，建造者能砌筑非常薄的灰缝需要很高超的手艺。如今，砖灰缝一般仅 3/8in 厚，这种模数的灰缝尺寸已列在表 3.2 中。如今采用厚灰缝的一个原因是为了在灰缝中配钢筋或插入其他金属件以锚固墙体。

如果墙面不暴露在视野范围，灰缝的表面只需被简单的抹平，使之与砖的表面平整。实际上，如果允许砂浆挤压出灰缝层，确保了砂浆与砖块完全接触，可获得更好的结构性能。

如果要在墙的表面黏结其他材料,如贴面砖或其他隔热的实体块材,平整光滑的墙面会更好。

如果墙体暴露在外,抹平灰缝通常更理想,一般通过以下的操作程序来实现。砖砌筑完毕后,首先使灰缝的表面与墙的表面齐平,然后在砂浆有点成形但还处在可塑阶段时,用金属工具将灰缝表面涂抹成各种形状。各种涂抹灰缝形状如图 3.5 所示。通过涂抹使砂浆表面压塑,从而提供更加密实且能抵抗外部各种气候的表面形式。该表面形式必须有利于排水,如图 3.5(b)~(d)所示,能很好地适应外界恶劣天气。

砂浆缝表现了砖砌建筑物中主要的表面组成,这使人们更加关注砂浆的颜色和灰缝的外形,砌筑可以使用各种颜色的砂浆材料,也可根据砖砌块相搭配来选择。内嵌的涂抹灰缝外形创造了一种突出灰缝的阴影线条,如图 3.5(e)~(g)所示。特殊灰缝可以达到提高视觉效果的目的。但是恶劣的天气下不推荐使用这种灰缝。

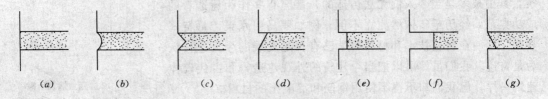

图 3.5 砂浆缝外形
(a) 平直缝;(b) 凹形缝;(c) V 形缝;(d) 倾斜缝;(e) 垂直缝;(f) 刮除缝;(g) 刮形缝

3.4 砖砌体的基本构件

从结构目的考虑,砖主要用于建造墙、墩、柱以及基柱。在砌体术语里,墩相当于墙段,其平面长度比墙短,而基柱则是很短的柱。这些受压构件几何形状不同,可按其承受的竖向荷载依次增大的顺序来排列(见图 3.6)。

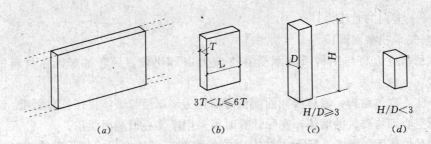

图 3.6 竖向受压构件的分类
(a) 墙;(b) 墩墙;(c) 柱;(d) 支墩

砌体结构中的墙或柱经常用于支撑水平方向跨的结构,也可用在多层建筑中支撑其他的墙或柱。因此,主要考虑抵抗竖向自重在墙柱构件中产生的压应力。在古代,砌体结构很重,竖向重力荷载主要来自于砌体本身。

墙体所需厚度和柱的水平横截面凭经验确定。随着建筑物越来越高,越来越大,各种规则不断发展,成为传统工艺技术的主要部分,直到不久以前这种传统设计方法还占据主导地位。图 3.7 表明了一栋 12 层高建筑承重砖墙所需厚度，这是根据 1932 年《芝加哥建筑规范》所确定的，墙体厚度主要基于多年成功建造的实践经验。

　　与古代砌体结构比较，现代砌体结构出于经济的考虑和高强材料的应用，墙和柱比以前要薄而细，也轻了很多。主要原因是随着材料检测和结构工程领域的发展，产生的对结构性能可靠且精确的预测，其结果，这种预测大大提高了结构抵抗破坏的安全性。从而，不再把经验作为确保成功的唯一依靠，尽管从某种程度上说来经验让人更加放心。

　　实际上，如果不考虑那些并不完善的复杂结构分析、设计理论和程序，古代的建设者们造出了很多值得欣赏的砌体建筑，其中很多是当今人们无法仿造的，甚至有些作为建造者的成功典范，经历千年依然屹立不倒。例如罗马引水渠、哥特式教堂，即使在材料技术和材料科学已有长足发展的今天也被认为是奇迹。我们虽然可以把当今建筑的外观建造得和古代砌体建筑一样，但我们却不得不使用钢筋和混凝土的材料。

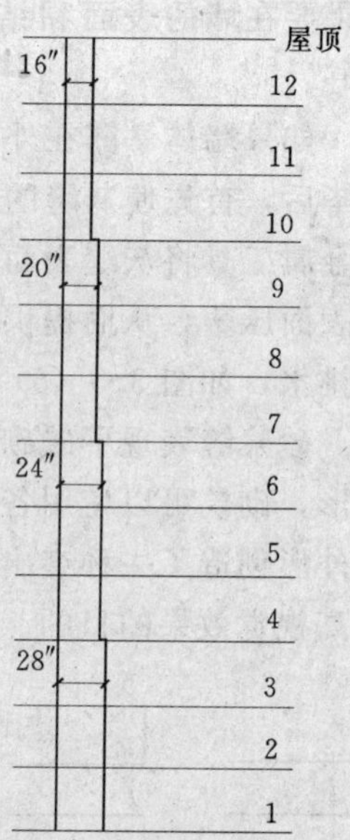

图 3.7　12 层商业建筑所需砖墙厚度（根据 1932 年《芝加哥建筑规范》）

3.5　砖墙的一般考虑

　　砖墙结构的用途很广，基本设计考虑来自最初特殊结构需要。竖向压力荷载是首要因素，在没有其他荷载作用的条件下，它是由砌体结构本身自重所引起的。对于一些简单的承重墙，这是唯一要考虑的现实因素，在结构设计中，仅进行简单的轴向压应力试验就足够。于是，可以确定总的压力荷载，其简单的计算公式为

$$f = P/A$$

式中　f——平均压应力；

　　　P——竖向的总压力；

　　　A——墙横截面面积。

　　计算所得应力将与结构所能承受容许应力进行比较，后者基于砌体材料的规程和规范。

　　对于实心砌体结构，墙体横截面面积可简化为墙厚度与墙体设计长度之积。对于空腔墙或者用空心砌块砌筑的墙体，实际计算时须采用净实心横截面面积。

　　墙的其他作用如图 3.8 所示，结构中的外墙常有多种作用，如承重墙抗风墙和剪力墙。这些情况需要全方位的考虑，如复合压应力、墙体形状的发展、结构构造和附加构件等。结构墙本身也被其他结构支撑，可以直接承载在基础、框架或其他支撑墙上。

　　过去，砖结构被作为一种廉价的填充材料并与其他高质量的表面材料一起构成坚固的砌体结构。现在随着砖的质量不断提高，砖的使用也扩大到各种高档的建筑结构。因此，除其他结构需求外，对建筑物外表面的考虑就成为了主要关心的问题，进而砖石的材料、砂浆的颜色、灰缝的形式、墙面类型以及各种建筑构造这些典型问题也就成为了建筑设计主要的考虑因素。墙端、支撑、墙顶以及门窗洞口边缘构造处理很重要，这些部位的设计

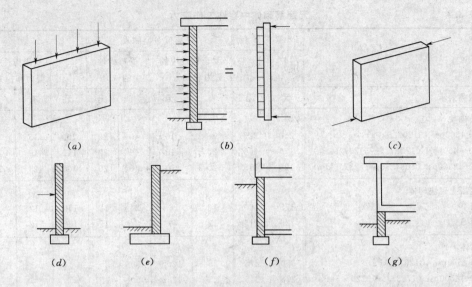

图 3.8 砌体墙的结构用途

(a) 竖向承重墙；(b) 抗风墙；(c) 剪力墙；(d) 独立墙；
(e) 悬臂墙；(f) 基础—地下室墙；(g) 地面基础墙

必须兼顾美观和特殊结构的要求。

　　由于各种原因，尤其是用于结构需求，砖墙仅以几种常见方式使用。下一节，我们将讨论几种特殊的使用方法以及需要特别关注的使用事项，更广泛的使用内容将在第 9 章建筑设计实例中进行讨论。

3.6　砖承重墙

　　外墙通常采用砖承重，砖承重墙除承受垂直方向荷载外也常会有其他作用。三个常见功能为如图 3.8 (b)、(c)、(f) 所示的抗风墙，剪力墙和基础墙。完整的墙体设计考虑其复合作用十分重要。本节我们首先考虑垂直压力的简单问题，然后再讨论复合作用的效果。

　　继续下面的讨论之前，缺乏结构知识背景的读者最好先看看附录 A 的内容。那里有关于受压构件的基本知识以及各种研究方法的讨论。此外，附录 B 列出了配筋构件容许应力方法的基本概念。

　　无筋砌体结构受压计算采用最大应力限值的方法，如表 3.3 所示，该表引自 1988 年版 UBC 中表 24 - H。墙的长细比不超过规范限定范围时可采用极限应力法。当墙的长细比超过要求时，其容许压应力值计算公式为

$$F_a = 0.20 f'_m \left[1 - \left(\frac{h'}{42t} \right)^3 \right]$$

式中　F_a——平均容许压应力；

　　　　h'——有效无支撑长度；

　　　　t——墙的有效厚度。

表 3.3　　　　　　　　　　　　无配筋砌体中容许工作应力

材　　料	M型 压力①	S型 压力①	M型或S型砂浆				N型		
			受弯构件中的剪力和拉力②③		受弯构件中的拉力④		压力①	受弯构件中的剪力和拉力②③	
特殊检测要求	无	无	有	无	有	无	无	有	无
实心砖砌块									
大于 4500psi（31207.5kPa）	250	225	20	10	40	20	200	15	7.5
2500～4500psi（17237.5～31207.5kPa）	175	160	20	10	40	20	140	15	7.5
1500～2500psi（10342.5～17237.5kPa）	125	115	20	10	40	20	100	15	7.5
实心混凝土砌块砌体									
等级 N	175	160	12	6	24	12	140	12	6
等级 S	125	115	12	6	24	12	100	12	6
灌浆砌体									
大于 4500psi（31207.5kPa）	350	275	25	12.5	50	25			
2500～4500psi（17237.5～31207.5kPa）	275	215	25	12.5	50	25			
1500～2500psi（10342.5～17237.5kPa）	225	175	25	12.5	50	25			
空心砌块砌体⑤	170	150	12	6	24	12	140	10	5
实心砌块的空腔墙砌体									
等级 N 或大于 2500psi（17237.5kPa）	140	130	12	6	30	15	110	10	5
1500～2500psi（10342.5～17237.5kPa）	100	90	12	6	30	15	80	10	5
空心砌块⑤	70	60	12	6	30	15	50	10	5
石砌体									
毛石	400	360	8	4	—	—	320	8	4
天然石	140	120	8	4	—	—	100	8	4
未经焙烧黏土砌体	30	30	8	4	—	—	—	—	—

①　容许的轴向或弯曲压应力以毛截面面积上每平方英寸磅为单位，直接承受轴心受压荷载的容许工作应力可以大于上面值的 50%。

②　拉力值基于灰缝的拉力，即砌体正常工作状态下的竖向值。

③　堆砌的竖缝中不允许出现拉应力。

④　此处的值表示错缝砌筑砌体中的拉力，即支撑建的水平值。

⑤　接触面上砂浆或横截面的净面积。

资料来源：经出版商国际建筑管理人员大会许可，取自 1998 年版 UBC 中表 24 - H。

【例题 3.1】　某无筋砌体砖墙，有效厚度为 9in（0.225m）的，有效长度为 10ft（3m），$f'_m = 2500$psi，墙顶受荷载 2000lb/ft。砖的密度约为 140lb/ft³（2243kg/m³），计算其平均压应力。

解：墙的总荷载为墙顶所受的外力荷载及砌体结构自重。墙底部总荷载值达到最大，因此 1ft（0.3m）宽墙体总重为

$$\frac{9 \times 12}{144}(10)(140) = 1050\text{lb}(4670.4\text{N})$$

总荷载为

$$P = 1050 + 2000 = 3050\text{lb}$$

且墙底的最大受压应力为

$$f_a=\frac{P}{A}=\frac{3050}{9\times12}=28.2\text{psi}(194\text{kPa})$$

由于容许应力公式是基于墙体的长细比来考虑，墙长度中点是技术的关键（侧向挠曲）。从保守研究考虑，我们将计算应力值与容许应力公式的结果比较如下：

$$F_a=0.20f'_m\left[1-\left(\frac{h'}{42t}\right)^3\right]=0.20\times2500\times\left[1-\left(\frac{12}{42\times9}\right)^3\right]=484\text{psi}(3337.2\text{kPa})$$

将结果与表 3.3 中所给出的最大极限值进行比较，对 S 型砂浆的最小值，表中最大屈服值为 160psi（1103.2kPa）。尽管该值低于公式所得结果，但比计算平均应力值要大，所以是安全的。

设计时的容许应力受诸多因素影响，结构提供的检测方法是其中之一。必须在仔细研究质量要求基础上选用设计规范。

如果墙体承受集中荷载而非均布荷载，需要讨论两种应力状态。第一种是外荷载作用直接产生的集中应力，第二种是墙体抵抗作用荷载的有效部分。第二种情况通常限制墙长不大于 6 倍墙厚，或墙厚加上实际承载宽度的 4 倍，或者是荷载之间的中心距，下面以实例来验证。

【例题 3.2】 假设例题 3.1 中的墙体承受桁架端部传来集中荷载为 12000lb（53376N），桁架荷载通过钢垫板传到墙上，钢板宽 2in（0.05m）小于 9in（0.225m）墙厚，沿墙长为 16in（0.2m），计算其平均受压应力。

解： 利用已知数据，我们首先计算实际承重值和平均压应力。

直接承重值为

$$f_{br}=\frac{P}{A}=\frac{12000}{7\times16}=107\text{psi}(739\text{kPa})$$

对于压应力，假设有效墙单元为 $6\times9=54$in，或者是 $(4\times9)+16=52$in(1.3m)，后者更关键。利用例题 3.1 中已知密度，我们发现这部分墙重为

$$140\times\frac{9\times52}{144}\times10=4550\text{lb}(20238.4\text{N})$$

将墙重与外荷载相加，墙底的竖向总压力为 $12000+4550=16550$lb（73614.4N），则平均压应力为

$$f_a=\frac{P}{A}=\frac{16500}{9\times54}=34.0\text{psi}[234\text{kPa}]$$

该情况下的容许压应力与例题 3.1 相同，为 160psi（1103.2kPa），可见实际值低于安全限值。

对于承载应力，规范提供了两个值：一种基于"全面积承载"；另一种则为砌体全截面面积中部分面积承载。对后一种情况，虽然实际承载面积只是砌体全截面中的一部分，但从承载面积边缘到砌体全截面边缘的距离若很短，则亦可认为是完全承载。因此，我们可以使用规范限制作为容许的承载应力值：

$$F_{br}=0.26f'_m=0.26\times2500=650\text{psi}（4482\text{kPa}）$$

这表明本例是安全承载状况。

实心砖砌体通常是无筋砌体结构中强度最大的，因此，对仅受压和荷载应力情况有足够的承载力。

无筋砌体结构的设计一般按照承重墙的步骤进行。从例题 3.2 的数据可见，一个 9in²（0.0506m²）的立柱可以承受 160psi（1103.2kPa）的容许应力的荷载，这可能是规范的安全限值，而一个横截面为 9in（0.225m）宽、10ft（3m）高的立柱，其长细比就很大了。作者不推荐砌体结构中使用无筋柱，除非荷载不大或长宽比小于 3 的基柱。

弯压构件

偏心受压或受弯作用下，通常构件必须考虑压弯共同作用。偏心受压这种状况比较常见，例如同一个具有偏心距的偏心压力作用的构件，相当于同时承受轴向压力和弯矩，这在附录 A.5 节和 A.8 节中进行讨论。

压弯共同作用产生的应力，可以分解为单独受压的均匀压应力加上由弯矩产生的应力，后者为沿截面从最大拉应力到最小压应力不等的应力值。构件的承载力包括抗压和抗弯，从而使截面上产生变化的应力限值。一个特例是当构件处在不能受拉状况时，例如对砌体的保守假定，其受拉强度很低。类似的假定可用于土壤中的基础，土与基础接触面只能承受压力。

附录 A 中（见 A.8 节）讨论了简单承压基础的压弯试验的相互联系，利用这个情况表明了无筋砌体抗拉能力很弱。

当拉力不可避免时，超过承受能力的偏心将会造成截面开裂，如图 A.7 中的情况 4 所示。这种情况下，构件的一部分为零应力，或者受拉开裂，而截面上受压应力的部分面积将抵抗压力和弯矩。

截面开裂的应力状况对土或砌体都不利，设计极限将截面一边为零应力的情况作为多数状况下的极限条件。可能的例外是风或地震作用效应的复合应力，这种情况在建筑的使用期出现的时间很短。当前的砌体结构可以承受很低的拉应力，但设计时最好不考虑。

下面的例子阐述了附录 A.8 节的复合应力应用的关系。

【例题 3.3】 研究例题 3.1 所示墙体，已知墙体自重，同时墙面受到 20psf（957.6N/m²）的风力作用时的状况。

解： 例题 3.1 中已计算出竖向重力荷载应力，即墙底部的实际压应力，荷载包括了墙体自重。如以下讨论所示，弯曲应力在墙的中点达到最大。

墙体竖向高度为 10ft(3m)，并在 1ft(0.3m) 宽的区域受均布荷载为 20lb/ft。应用简支梁计算最大弯矩的公式，得到墙的中点处最大弯矩为

$$M=\frac{wL^2}{8}=\frac{20\times10^2}{8}=250\text{ft}\cdot\text{lb}(1.33\text{N}\cdot\text{m})$$

对 9in(0.225m)×12in(0.3m) 的实心矩形截面，截面模量为

$$S=\frac{bd^2}{6}=\frac{12\times9^2}{6}=162\text{in}^3\ (2.5\times10^{-3}\text{m}^3)$$

最大弯曲应力为

$$f_b = \frac{M}{S} = \frac{25 \times 12}{162} = 18.5\text{psi}(127.6\text{kPa})$$

弯曲应力加上轴向压应力得（见图 A.7 中情况 1）

$$f = f_a + f_b = 28.2 \pm 18.5 = \begin{array}{l} 46.7\text{psi（322kPa）（最大）} \\ 9.7\text{psi（66.9kPa）（最小）} \end{array}$$

显然这不是主要的应力条件，尤其当风及其他荷载在内，160psi(1103.2kPa) 的容许应力增加了 1/3。

如前所述，风荷载对于墙体产生简支梁的弯曲作用，其最大弯矩产生于墙高中点处，如图 3.9（a）所示。此时计算出的复合应力仍然很保守，因为它考虑的是墙底部应力值最大的状况，然而，低应力条件也不能保证更精确的结果。

其他荷载因素也会在墙体产生弯矩，一种常见情况如图 3.9（b）所示。此时，构件所受压力并不作用在墙体中心线方向，在多层结构中墙体需连续穿越水平楼板，或墙体外伸支撑屋顶楼板时会出现这类状况。这种情况下，弯矩由荷载和荷载作用线与墙截面轴线间的距离产生，下面的例子介绍了这种情况。

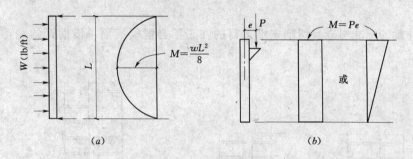

图 3.9 墙内承受弯矩

(a) 风荷载或土压力作用；(b) 偏心受压荷载

【例题 3.4】 设例题 3.2 中 12000lb(53376N) 的集中荷载作用在距墙中轴 8in(0.2m) 的地方，计算该状况下的复合弯矩和轴向应力。

解： 如例题 3.2 所示，平均压应力为 34.0psi(2344.4kPa)，假设墙体有效尺寸为 9in (0.225m)×54in(1.35m)，则弯矩为

$$M = Pe = 12000 \times 8 = 96000\text{in} \cdot \text{lb}(10675.2\text{N} \cdot \text{m})$$

墙段尺寸为 9in(0.225m)×54in(1.35m) 其截面模量为

$$S = \frac{bd^2}{6} = \frac{54 \times 9^2}{6} = 729\text{in}^3 \quad (1.1 \times 10^{-2}\text{m}^3)$$

最大弯曲应力为

$$f_b = \frac{M}{S} = \frac{96000}{729} = 131.7\text{psi}(908.1\text{kPa})$$

因此，复合应力极限值为（见图 A.7 中情况 3）

$$f = f_a + f_b = 34.0 \pm 131.7 = \begin{array}{l} 165.7\text{psi}(1142.5\text{kPa})（压应力） \\ 97.7\text{psi}(\quad673.6\text{kPa})（拉应力） \end{array}$$

研究结果表明，该值比 160psi(1103.2kPa) 的容许压应力略大一点，然而关键的是拉应力。表3.3中，容许拉应力的大小根据工作条件的不同从 20psi(137.9kPa) 到 40psi (275.8kPa) 不等，即使取最大值，偏心应力大大超出可承受范围。在这种情况下增大支撑面可以减少荷载的偏心距，如在集中荷载处增加壁柱（如3.8节所述），或如下节所述的那样用钢筋来加固。

例题3.4所述的情况是利用附属于墙面的加固设备来支撑荷载，如图3.10（a）所示。这种结构的优点在于墙体连续，仅通过锚栓及预埋件就能与墙体紧密连接。它的缺点在于当荷载较大时将产生一定的弯矩。

在较早时期，砌体墙很厚，常采用墙上插入隐蔽的小型斜件支撑梁或是桁架端部，从而使其离墙体中心线更近以减小偏心荷载引起的弯矩。这种方法在当今并不常用，取而代之的是采用钢筋及镶嵌板的施工方式。

图3.10（b）显示了一种在两层墙的一面插入小型斜件，从而在 9in(0.225m) 厚的墙产生了一个 5in(0.125m) 厚的承载范围。于是可以承受较轻的荷载，如小间距的楼板托梁。对较重的荷载，可在墙上打入一个钢部件以扩大承载范围，或者也可以采用如图3.10（c）所示的方式，在砌体表面增设垫梁来增大承载区域，不过这会加大荷载的偏心。

小型插梁的标准构造是切削末端，目的在于不必凿裂墙面，借助梁的端部旋转进入墙内。

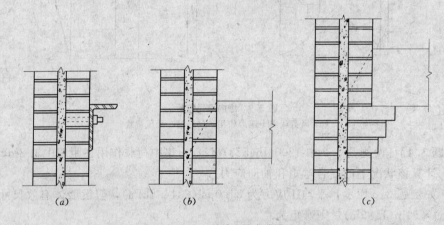

(a) (b) (c)

图3.10 砖墙上的支撑梁

3.7 配筋砖砌体

砖砌体中设置钢筋是常用的配筋砌体，具有钢筋混凝土的特性，通常更多使用的为配筋 CMU 砌体。典型的配筋砌体墙通常是在两片墙层间留有足够的空间放置双向钢筋，然后按施工程序填入混凝土。

通常墙体的最小厚度约 9in(0.225m)，如果每片墙层厚为 3.75in(0.09m)，空腔的宽度为 1.5in(0.04m)，其最小尺寸需保证 5 号钢筋（直径约 0.625in）穿过。

如果结构采用规范定义的配筋砌体结构，就必须满足各种规范的要求。因此，可以简单利用钢筋来加强局部应力条件，即使有时称为"无筋砌体"也适用。

回到上节中例题 3.4 的情况，偏心荷载产生了一个过大的弯曲，如果在荷载作用位置的空腔内插入钢筋并灌浆，其平面如图 3.11 所示，如同传统的钢筋混凝土结构设计，可以考虑钢筋将全部承担弯曲产生的拉力。下面的例子介绍该设计过程。

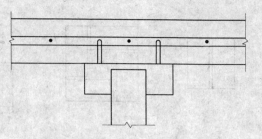

图 3.11 梁支撑处配筋砌体墙的平面图

【例题 3.5】 采用竖向钢筋承受弯曲拉力，重新设计 3.6 节例题 3.4 中的墙体。

解： 例题 3.4 中无配筋墙本身可以承受竖向压力，竖向钢筋作用是加强墙体承受弯曲和竖向压力，因此钢筋的主要作用是承受拉力。实际上，竖向压力会轻度预压钢筋，但在保守设计中，可不予考虑。

利用例题 3.4 中计算出的弯矩，假设钢筋位于墙中部有效深度 4.5in 处，钢筋的容许拉应力为 20000psi（137.9MPa），钢筋混凝土中钢筋弯曲受拉时的基本工作应力值为

$$A_s = \frac{M}{f_s j d} = \frac{96000}{20000 \times 0.9 \times 4.5} = 1.185 \text{in}^2 (7.406 \times 10^{-4} \text{m}^2)$$

保守选择 3 根 6 号钢筋（直径约 0.75in，见表 2.2），其总面积为

$$A_s = 3 \times 0.44 = 1.32 \text{in}^2 \ (8.25 \times 10^{-4} \text{m}^2)$$

配筋砌体常用混凝土砌块，关于配筋砌体更广泛的应用在第 4 章介绍，尽管配筋砖砌体结构也有了许多的应用。

3.8 砖砌体的其他功能

砖除作为建筑物的围护墙外还有很多用处，无论是过去或是现在，大多用于基础墙、低挡土墙、围墙、柱、基柱、壁炉和烟筒。砌体结构可以是全砖结构，当仅有一部分暴露在建筑表面时，也可以是砖和其他材料如混凝土砌块、混凝土和石块等的复合结构。本节讨论砖砌体的其他用途。

1. 柱

最初建造的砖柱尺寸较小，如图 3.12（a）所示，由两层砖构成。柱的边尺寸等于砖的宽度加上灰浆的厚度。这里没有插入竖向钢筋的位置，严格说仅仅是无筋砌体构件，加之尺寸小，不能用于承受较大荷载。

图 3.12（b）所示的为一种砖的轮式布局，几块砖围绕成一个较小的中心空腔，空腔内仅可以放置一根钢筋，但要形成真正的配筋砌体构件，则需要采用图 3.12（c）的砌筑方式，即有效配筋砖柱的最小宽度大约为 16in（0.4m）。

如果将砖窄面向下放置立砌，就形成宽度较窄的配筋柱，如图 3.13 所示。这种方式的结构可以接受，但在外观上有点问题；因为在砖的生产过程中，考虑砖的窄面作为外观面，而平整面相对有一点粗糙。

无筋柱承担荷载会有些问题，除非柱的高宽比适当（即高宽比不大于 10）。无筋柱更常见的使用是作为基柱，也就是很短的柱（规范通常定义为高宽比不大于 3 的竖向构件）。

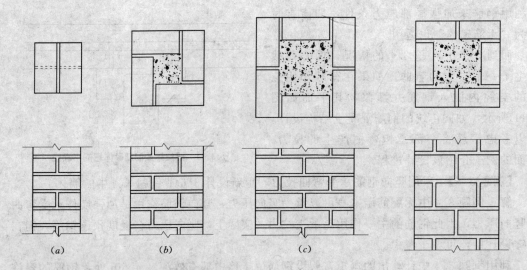

图 3.12　各种砖柱形式　　　　　　　　　图 3.13　砖窄面向下砌筑的柱

　　无筋砌体柱和基柱与砌墙的设计步骤相同，如 3.6 节中所述。配筋砌体柱的设计需遵循规范特定步骤，其来自钢筋混凝土的规范。

　　壁柱是一种特殊的砌体柱，由连续墙的凸出部分构成。它可以布置在墙角、洞口边缘、墙端或者一片墙的中间。壁柱的作用是为薄墙提供配筋，其可以承受较大的集中荷载，或者当墙的长细比过大时起简单支撑作用。很高的砌体墙通常需用间距很密的壁柱支撑，壁柱开间由砌体墙无支撑的距离构成而非墙的高度。

　　壁柱最常见的使用是分担墙面荷载，如 3.6 节的例题 3.4 所述。壁柱超出墙面的部分可以承担荷载，从而减小墙内支撑构件的需要。壁柱还可以增强墙体承受集中荷载以及由荷载所产生的弯矩。

　　当砌筑单片墙时，壁柱由墙段及墙的外伸部分墙体构成，其有效横截面可以考虑为 T 形柱，在保守设计法中习惯考虑为等于壁柱宽度的墙。壁柱的设计方法类似于独立柱，区别在于独立柱由平面内的墙提供支撑（在墙的纵向有一个 2×4 的墙套支撑）。

　　较大的砖砌体柱以及大型桥墩和拱座，多数仅外表面由砖砌筑，而内部大部分采用现浇混凝土，有些情况下也选用混凝土砌块或者碎石。

2. 拱

　　拱最初起始于毛石，而后发展到石块和砖结构。随着多元文化的进步，大型拱、穿顶、圆顶都得到了应用。砌体墙中跨越门窗洞口以及拱廊的拱主要为砖砌，图 3.14 所示的实例来自于《建筑标准图集》的早期版本（参考文献 11），表现了多种常用的砖拱形式。

　　当今大跨度拱、穿顶、圆顶已经应用于其他多种结构，而门、窗和拱廊的小跨度拱也在砖砌体中得到发展，但其更多的用途是建筑装饰作用。平跨是砌体应用中常见的形式，有时也会有配筋的平拱结构形式。

　　砌体形式拱仍然采用，砖、石砌体结构建筑更适合小跨度拱。

　　提示　砌体拱的应用中有两点需要注意：一个问题是拱脚承受向外的水平推力，这在大

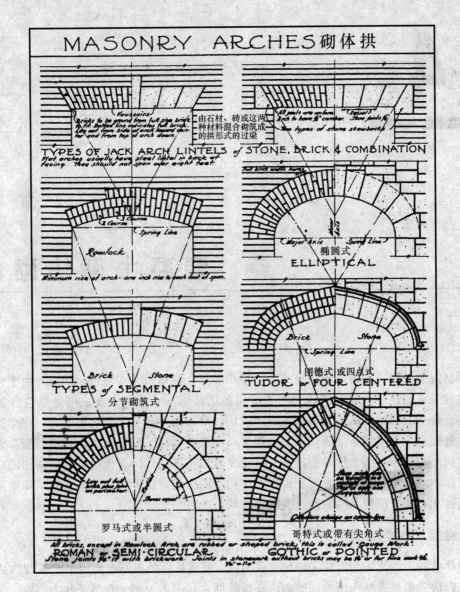

图 3.14 墙内砌体拱的形式

资料来源：经出版商 John Wiley & Sons 许可，取自《建筑标准图集》（第 3 版），1941 年

的连续墙上时没有问题，但对于其他条件下必须加以考虑，如洞口离墙端很近时。

另一个主要考虑的问题是拱的高跨比，其值应尽可能大，最好成半圆形而非平板形。

第**4**章

混 凝 土 砌 块 砌 体

预制混凝土砌块应用于砌体结构中已经很多年，但却只是在最近时期，才由于悦目的建筑外观为人们接受，并发展成为主要应用的结构形式。早期主要应用烧结空心黏土砖块，起初作为支撑结构的饰面和抹灰隔墙应用，后来用作建筑上的装饰陶瓷。许多技术和构造措施随黏土砌块建筑的延续而发展起来，并逐渐适应了混凝土砌块建筑。当今大多数砌体建筑是用预制混凝土构件建造的，这主要有经济原因，同时也由于配筋结构的应用不断增长。本章讨论各种预制混凝土砌体在结构中的应用，这里讨论的大多数结构构件材料可以是砖和石块，但更多的可能是混凝土砌块。

4.1 混凝土砌块的类型

砌体结构中广泛采用混凝土砌块（CMU），范围从简单实心砖到用于建筑装饰的复杂形式的砌块。但建筑结构用的标准砌块有两种形式，图 1.4 所示介绍了其中一种。该砌块无论形式和尺寸都符合标准，即三个方向符合 8in(0.2m) 的模数。因此，标准砌块的正面为一个模数高度，再加上一个 $0.5in(1.3 \times 10^{-2} m)$ 或 $0.375in(9.4 \times 10^{-3} m)$ 厚的砂浆层，产生模数为 8in(0.2m) 的厚度［实际上一个模数只有 7.5in(0.188m) 或 7.625in (0.191m)，相当于设置在墙顶作为木椽子附件的建筑木材 2×8 的尺寸］。标准砌块的长为两个模数，作为墙表面考虑垂直砂浆缝长度共为 16in。通过错缝砌合 ［见图 3.3 (a)］，两个模数的砌块相互叠合成一个模数长的砌块。

混凝土砌块砌体的水平横截面形式发展较成熟，考虑了错缝砌合时，上层砌块的孔洞与下层砌块的孔洞能够对齐，使墙内形成竖向的空腔，可以在空腔中插入钢筋，灌入混凝土，构成坚实的建筑结构。

垂直的空腔也可以填充隔热材料提高墙体的保温能力。有些情况下，电线或管道可以安置在空腔中，避免在建筑物的表面设置。

通常，砌块是按照行业规范生产，但不排除个体制造商生产形状和尺寸独特的砌块，这主要与当地的砌体结构的使用方法、建造经验和建筑规范要求有关。而 8in×8in×16in（0.2m×0.2m×0.4m）是标准的名义砌块尺寸，砌块也可以采用其他的尺寸制作，例如下面的几种情况：

名义厚度（墙或墙层）：4in(0.1m)，6in(0.15m)，8in(0.2m)，10in(0.25m)，12in(0.3m)；

名义高度（层）：4in(0.1m)，6in(0.15 m)，8in(0.2m)；

名义长度：8in(0.2m)（一个模数），16in(0.4m)（两个模数），有时 12in(0.3m)（一个半模数）。

混凝土砌块的平均重量随着孔隙率和混凝土块体的密度而变化。表 4.1 给出了一般结构随墙厚和混凝土密度的不同的特性，用钢筋混凝土填充孔洞将增加墙体重量。个体制造商的产品与平均值相比略有变化。由于不同项目的设计资料不同，最好在设计项目所在地区确定特别的材料供应商，可直接获得建筑材料的专门数据。混凝土砌块块大质重，不适合远距离运输。

表 4.1 空心混凝土砌块建筑一般特性

名义砌块厚度 [in(m)]	砌块净面积 [in²(m²)]	墙重[psf(kPa)] 混凝土块密度[lb/ft³(kg/m³)]					当砂浆取以下情况时的惯性矩 I[in⁴(10⁻⁴m⁴)]和截面模数 S[in³(10⁻³m³)]			
		60 (960)	80 (1280)	100 (1602)	120 (1922)	140 (2242)	砌面层①		砌全浆②	
							I	S	I	S
4(0.1)	28(0.018)	14(0.7)	18(0.9)	22(1.1)	27(1.3)	31(1.5)	38(0.2)	21(0.3)	45(0.2)	25(0.4)
6(0.15)	37(0.023)	20(1.0)	26(1.2)	33(1.6)	40(1.9)	46(2.2)	130(0.5)	46(0.7)	39(0.5)	50(0.8)
8(0.2)	48(0.030)	24(1.1)	32(1.5)	40(1.9)	47(2.3)	55(2.6)	309(1.2)	81(1.3)	334(1.3)	88(1.4)
10(0.25)	60(0.038)	28(1.3)	37(1.8)	47(2.3)	56(2.7)	65(3.1)	567(2.2)	118(1.8)	634(2.5)	132(2.1)
12(0.3)	68(0.043)	34(1.6)	45(2.2)	55(2.6)	67(3.2)	78(3.7)	929(3.6)	160(2.5)	1063(4.1)	183(2.9)

① 仅在表面的水平灰缝处。

② 在整个砌块横截面灰缝处。

资料来源：经出版者美国国家混凝土砌块砌体协会许可，摘自《混凝土砌块》，NCMA—TEK 2A 版中表格。

从建筑的外观看，混凝土砌块可获得不同的形式、不同的表面纹理、颜色和不同的规格。这里我们关心的主要是结构上应用，因此对其他问题不予深入讨论。

混凝土砌块建筑的许多方面依赖于这样一个基本区别，那就是按规范定义能否把砌体结构分为配筋或无筋两种结构形式。我们将从砌块、施工构造和设计考虑等方面分别讨论这两种结构形式。后面的 4.2 节和 4.3 节将讨论无筋砌体结构，4.4 节讨论配筋砌体结构。

砌体结构设计最关注基本建筑结构特征的区别，然而，砌体结构基本关注问题与施工方式有关，如砌筑中砌块的材料质量、砂浆等级、裂缝控制措施、隔热材料的处理、墙体外观以及施工过程中出现的其他问题。一般，建筑质量是人们始终关注的因素。从某种程度上讲，无筋砌体结构的质量更值得关注。

4.2　无筋砌体结构

　　无筋砌体结构形式中最常用的砌块标准形式如图 4.1 (a) 所示，称为三孔砌块，由于它在两端还有两个半孔；实际上这种砌块是四孔砌块的形式。图 4.1 (a) 所示的实际尺寸为 3/8in(9.4×10^{-3}m)，小于经常使用的标准尺寸，因此这种砌块所需砂浆灰缝要薄一点，尤其在砖砌体结构接触面，有时在多墙层的砖砌结构中，要满足砖模数高度的需要 [见图 1.2 (c)]。

　　在标准模数砌块的范围之内，对普通的结构构件可以采用一些典型特殊砌块砌筑，如图 4.1 所示。主要包括以下几种：

　　(1) 墙端和墙角砌块 [见图 4.1 (b)、(c)]。墙端和墙的拐角处，砌块通常暴露出来，因此要采用这类砌块。半个砌块 (8in 模数) 用来形成错缝砌筑的墙面 [见图 3.3 (a)]。

　　(2) 窗框块材 [见图 4.1 (d)]。这些是一或两个模数的砌块，这些块材带有方形转角和便于固定门窗边框的凹槽。

　　(3) 过梁或组合梁砌块 [见图 4.1 (e)]。这种砌块用于墙的洞口上方或墙的顶部，在水平孔洞中配钢筋并浇灌混凝土，形成内部为钢筋混凝土梁的砌体结构。

　　(4) 壁柱砌块 [见图 4.1 (f)]。这种砌块用于建筑物内部砌筑符合砌体墙模数的壁柱，图 4.1 (f) 中所示有两种块材类型，在竖向墙层中交替使用以保证墙面错缝砌合。不同尺寸的砌块可用于形成不同尺寸的壁柱。图中所示为一般情况下的壁柱砌块，空腔内可插入钢筋并浇灌混凝土，形成内部为钢筋混凝土柱的砌体结构。

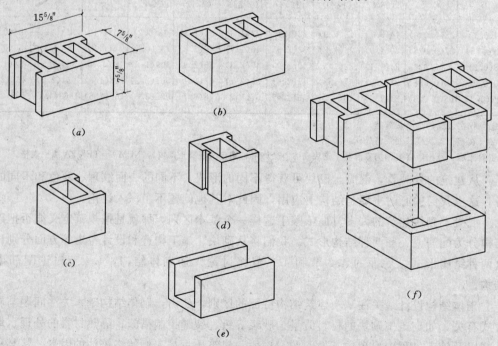

图 4.1　无筋砌体混凝土砌块

为简化结构的抗压、抗弯和抗剪作用，如第3章中例子所述，混凝土空心砌块结构与实心的砖结构相类似。区别在于这种砌块砌筑的结构不是实心的，墙的计算截面必须采用净截面，即从总面积中减去空腔面积。尽管可以用表4.1提供的平均值来近似代替，但净截面面积必须由砌块供应商决定。下面的例子说明了一些简单的情况。

【例题 4.1】 混凝土砌块的单墙层的名义厚度为 8in (0.2m)，墙高 10ft (3.0m)。沿墙长顶部作用均布荷载为 2000lb/ft(29.7kN/m)，砂浆为 N 型，砌块为 ASTMC-90，其强度 $f'_m=1350$psi(9.3MPa)，计算墙的平均最大压应力。[注：N 型砂将需要考虑外界气候；$f'_m=1350$psi(9.3MPa) 是砌块没有测试值时，规范假定的最大限值。]

解：从表4.1可以看出，名义厚度为 8in(0.2m) 的墙，其沿墙长的平均净截面面积为 48in²/ft(0.1m²/m)，因而作用荷载产生的应力为

$$f_a = \frac{P}{A} = \frac{2000}{48} = 41.7\text{psi}(287.5\text{kPa})$$

这个结果必须加上墙体自重产生的应力，该值在墙的底部产生最大应力。若不知混凝土的密度，假设取表4.1中最大值 140lb/ft³ (2240kg/m³)，该值大于沿墙高度的自重 55lb/ft(815.5N/m)。因此，10ft 高的墙，自重为 10×55＝550lb(8.2kN)，而自重产生的应力为

$$f_a = \frac{W}{A} = \frac{550}{48} = 11.5\text{psi}(79.3\text{kPa})$$

则总应力为

$$41.7+11.5=53.2\text{psi}(366.8\text{kPa})$$

由表3.3知，S 型砂浆的空心砌体结构（外露结构工程的最小砂浆）的最大容许压力值为 150psi (1034.3kPa)，因此该结构有足够的强度保证。

如果同时承受弯曲和轴向压力，复合应力必须满足最大净压力和可能的净拉力。对于弯曲应力我们可以用表4.1给出的截面特性来计算（S 为弯曲应力）。还要注意到表3.3给出了非常低的弯曲拉应力值，低于一般情况下的任何实际净拉应力。

砌体墙必须考虑细长效应和集中荷载的影响，并按照第3章所给例子的步骤进行分析计算，无筋砌体的墩、柱和基柱的设计步骤也同样适用。

即使无筋砌体结构构件被认为是一种简单的匀质材料，大多数荷载下可以进行简化的应力计算，但当一些空腔中有配筋并灌浆时可能会使计算更复杂。这是一些无筋砌体结构常有的情况，其计算步骤将在4.3节中全面地阐述。

无论工程是否用于结构目的，空心混凝土砌块砌筑应遵循一定的施工步骤。在水平灰缝处配筋通常用于减少裂缝并承受由于砂浆收缩产生的较大应力。墙层顶部使用组合梁（配筋并浇灌混凝土填实）以及其他与结构作用有关的加强措施，确保砌筑高质量的建筑。

4.3 无筋砌体结构加强

从广义上讲，配筋是对原始建筑结构的一种增强手段。就像本书中讨论的其他情形，包括砂浆灰缝中配筋，或对砌体空腔灌浆，采用壁柱和在重要位置使用高强度砌块。

如果不能将空心砌块的建筑完全转变为配筋类砌体，在各关键部位可以采用高强度的

砌块或一些加强方法改善砌体的强度。提高空心砌块砌体强度的一般方法如下：

（1）使用密度大的混凝土。这种方法一般会提高砌块材料强度。有时可利用高强轻质的混凝土，但通常是密度越小，混凝土强度越低。

（2）使用厚砌块墙。典型情况是高密度混凝土砌块主要用于结构，有时厚墙比低密度材料更能满足结构使用要求，如果将高密度材料和厚墙结合将使结构强度有较大的提高。

（3）灌浆（通常采用轻微流态混凝土）。灌浆可选择配筋或不配钢筋情况进行；空腔浇灌混凝土后通常相当于实心结构，从而使墙体自身强度有了较大提高。

（4）重要部位使用较大或强度较高的砌块。集中荷载作用点处常使用壁柱就是这样的一个例子。单纯地增大局部受力面积是关键，但若壁柱采用较厚且强度高的砌块，或者在壁柱内形成现浇钢筋混凝土柱更为关键。

（5）灰缝或灌浆孔中设置钢构件（钢筋或粗钢丝）。为了增加局部强度或简单利用拉筋加强结构的整体，使钢筋混凝土梁或柱融入砌体结构建筑。在墙顶沿墙长设置钢筋组合梁即是为了加强结构的整体，这点也是对非结构构件最基本的要求。

许多情况下加强砌体都有特别的用途，但常常主要用于改善结构的整体性。从古至今，许多经典的加固措施留传了下来，这些加固措施来自于实践经验并在实践中不断发展完善。

4.4 配筋砌体结构

满足规范定义能用于配筋的空心砌块必须是具有较大的孔洞的标准砌块，孔洞竖向排列时能形成较大尺寸的钢筋混凝土柱。图 4.1 所示的三孔砌块主要用于无筋砌体结构，能用于配筋砌体的标准砌块为二孔砌块，如图 4.2 所示。正如 4.2 节所讨论，考虑到砌块两端的半孔，图 4.1 所示的三孔砌块实际上为四孔的模数砌块，因此，能用于配筋结构的砌块的孔洞尺寸大约是用于无筋砌体结构砌块的 2 倍。

孔洞越少，砌块中的横截面积也越小，因此，这类砌块砌体结构的强度一般较低。为了补偿强度的不足，在砌体孔洞内浇筑钢筋混凝土梁和柱，构成如图 4.3 所示的刚性框架。这种框架具有双重作用，即将砌体结构拉结成整体，同时也使砌体结构的强度发展成类似钢筋混凝土结构。

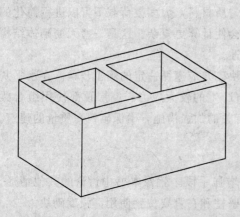

图 4.2 配筋砌体的二孔混凝土砌块

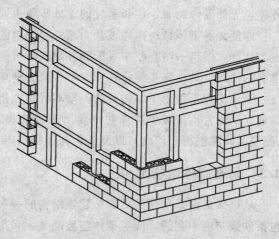

图 4.3 配筋混凝土砌体内的钢筋混凝土结构

建筑规范要求，确保至少每间隔 4ft 应设置水平和竖向配筋构件。在墙顶、墙端以及洞口周边，有特殊要求时还应增加。结果如图 4.3 所示，相当于钢筋混凝土框架结构。该结构的整体强度很大程度上来自于框架结构以及其封闭的砌体结构。

实际上，早期的无砂浆砌块体系正是通过这种封闭结构获得结构的整体性。但是，大多数加强的砌体结构其结构整体性是用高强砂浆铺砌高强砌块形成。对于次要结构，如低跨屋盖体系的低层建筑，出于一般的使用功能，砌体结构本身的强度足够，这种情况再采用封闭的钢筋混凝土结构就更富余。

现在使用的空心砌块砌体采用全配筋形式，很大程度上是为了满足提高结构抗震和抗风的需要而发展起来的。这种情况下无筋砌体结构表现很差，这一点多次得到强震和大风暴的事实证明。因此，规范强调高震高灾害风险地区不允许使用无筋砌体结构的建筑。

钢筋混凝土结构计算和设计理论及计算步骤同样适用于配筋砌体结构，经常使用的方法仍然是过去广泛使用的容许应力法。由于容许应力法相对简单的计算步骤和公式，本书的计算工作将主要采用这种方法。对那些不熟悉容许应力法的读者来说，附录 B 中给出了钢筋混凝土应用容许应力法的简单介绍。

今天大多数地区的结构设计，采用基于荷载、抗力系数的强度设计极限破坏方法，该方法成为专业设计主要的结构设计方法。随着高新科技的发展，多数情况下以各种计算机辅助程序为设计基础，同时建筑规范在其设计程序中也越来越得到广泛的认可。而对一些小工程和一般较简单结构来说，设计仍然主要使用各种参考书中的表格和工作应力方法的简化设计步骤。

最低构造

如同其他类型建筑，建筑规范和行业标准给出了最低构造的建筑。这种最低构造的建筑能满足结构足够的承载力，这种情况经常出现在配筋建筑物中，尤其是大小适度的建筑物，更多的是对应于规范的最低要求，却有充分保证的承载力。任何情况下，这种最低构造代表了满足特殊结构要求的修改设计的起点。

例如，图 4.3 所示的建筑代表了最低构造的一般形式。在中心最小间距 4ft 的范围布置竖向配筋构件，这就意味着每相隔 6 个孔洞，就有一个被灌浆［孔洞中心距为 8in (0.2m)］。从这个最小值出发，灌浆更多的孔洞将使强度提高，必要时，可以对所有的孔洞灌浆。此外，规定的配筋数量也是最小值，也可以仅增加配筋数量来实现提高抵抗力。

空心混凝土砌块配筋砌体结构的各种构件设计将在本章以下各节中讨论。这些构件的很多应用将在第 9 章建筑设计实例中阐述。

4.5 砌体承重墙

混凝土砌块砌筑的墙经常用来承受来自屋盖、楼盖或上层墙体的自重，具有这种功能的墙称为承重墙，这种结构主要用来抵抗竖向的压力，包括以下的一种或多种：

（1）平均压应力。简单说就是总压力（包括墙自重）除以墙横截面面积。值得指出的是，要明确平均应力对应的面积是由墙的外尺寸定义的毛截面，还是空心砌块的实体部分净面积。

（2）承载的应力。指集中荷载作用下产生的实际接触压应力，如支撑梁的端部。

（3）柱的有效应力。当墙在较大范围下支撑集中荷载时的应力，仅考虑一部分墙体有效。

（4）弯曲应力。当沿墙体轴线方向上无竖向荷载作用，例如，梁没有直接搁置在墙顶上，而是由墙表面上托架或横木支撑，从而产生了弯压荷载。

各种应力状态下实心砖墙体的计算已经在第 2 章例子中阐述。对于无筋空心砌块砌体，除了要考虑墙体的空心横截面之外，计算步骤基本相同，见 4.2 节的例题 4.1。

正如 3.6 节例题 3.5 中的砖墙，说明墙体可以承受集中荷载，下面的例子说明混凝土砌块砌筑墙的计算步骤与砖墙类似。

【例题 4.2】 一个混凝土砌块砌体在距离中心 8ft（2.4m）处承受 12000lb（53.4kN）的集中荷载，墙的名义厚度为 8in(0.2m)［实际为 7.625in(0.19m)］，混凝土砌块的密度为 100lb/ft³(1602kg/m³)，墙体重约 40psf(1.9kPa)，砌块的实心率约 50%，强度 $f'_m =$ 1350psi(9.3MPa)，墙体无支撑高度为 10ft(3.0m)，荷载通过面积为 6in×16in(0.15m× 0.4m) 的钢垫板作用在墙的轴线上。计算墙体的承压应力。

解：计算承压应力，有

$$f_{br} = \frac{P}{A} = \frac{12000}{6 \times 16} = 125\text{psi}(861.9\text{kpa})$$

与容许承压应力比较：

$$F_{br} = 0.26 f'_m = 0.26 \times 1350 = 351\text{psi}(2.4\text{MPa})$$

计算所得空心墙截面的承压应力并没有减少，这是因为假设墙顶放置了一个全灌浆的组合梁。从这个例子可见，压应力不是关键的问题，即使减少了计算的有效面积。

考虑墙底部的压应力最大，作用荷载必须加入墙的自重，得到墙的自重为

$$W = 40 \times 10 = 400\text{lb}(1.779\text{kN/m})$$

采用一个有效柱墩，边长是墙厚的 6 倍，或是 4 倍墙厚加承重宽度，即 $6 \times 7.625 = 45.75\text{in}(1.1\text{m})$，或 $4 \times 7.625 + 16 = 46.5\text{in}(1.16\text{m})$，取 46in(1.15m)，因此柱墩的总重为

$$W = \frac{46}{12} \times 400 = 1533\text{lb}(6.8\text{kN})$$

因此，总荷载为

$$P = 12000 + 1533 = 13533\text{lb}$$

柱墩的平均压应力为

$$f_a = \frac{P}{A_e} = \frac{13533}{7.625 \times 46 \times 0.50} = 77.2\text{psi}(532.3\text{kPa})$$

将此与表 3.3 中获得的无筋砌体结构的容许应力进行比较，对于这种情况，极限值是 150psi(1034.3kPa)。因此，本建筑物安全度足够。

无筋砌体只要不受弯，可以承受较大的重力荷载。如果在此基础上，叠加竖向荷载的偏心作用，或者由于风、地震、土压力引起的侧向荷载，都会发生弯曲，出现复合受力状况，此时，净的总压力或净拉力起控制作用（参见附录 A 中 A.8 节的讨论）。

由于施工构造等因素的影响，荷载很难恰好作用在墙的轴线上（即荷载中心落于墙中心），尤其在多层砌体或低矮挡墙中。以下的例子阐述无筋砌体墙中的这种情况。

【例题 4.3】 如图 4.4 所示，假设例题 4.2 中荷载作用在墙面上，荷载中心和墙中心之间偏心 6.8125in。计算墙的应力。

解： 如图 4.4 所示的偏心距，荷载引起的弯矩为

$$M = Pe = 12000 \times 6.8125 = 81750 \text{in. lb}(9.1 \text{kN} \cdot \text{m})$$

对于弯曲应力，从表 4.1 中可得墙的截面模量为 $S = 88 \text{in}^3/\text{ft}(4.6 \times 10^{-3} \text{m}^3/\text{m})$。对于 46in(1.15m) 墙墩，总值为

$$S = \frac{46}{12} \times 88 = 337 \text{in}^3 (5.3 \times 10^{-3} \text{m}^3)$$

最大弯曲应力为

$$f_b = \frac{M}{S} = \frac{81750}{337} = 243 \text{psi}(1.7 \text{MPa})$$

由于该值超过了表 3.3 中 150psi(1034.3kPa) 的容许应力，就不必再与轴向压力相加。虽然已超过容许压力，但更关键的控制值是墙顶附近将超过 170psi(1172.2kPa) 的净拉应力（此处墙自重不会减小该值）。

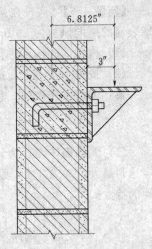

图 4.4 例题 4.3 图

显然，无筋砌体墙不能抵抗如此大的弯曲作用。必须采取其他措施来减少弯曲效应，可以通过将荷载移到墙中心附近来减少弯曲效应（见图 3.10 的砖砌体墙）。也可以采用增加钢筋或增设壁柱等方法。

配筋砌体墙可以承受较大的轴向压力和更大的弯曲作用。一些孔洞内插入钢筋并灌浆的方法可以使墙截面得到加强。对于空心混凝土砌块墙体，灌浆后的强度通常假设至少与混凝土砌块相当。因此，可以考虑全灌浆的墙体有较大的强度承受正向压力。

配筋砌体墙的设计有多种方法可用。这里我们使用容许应力法是因为它的简单，但它通常会得到保守的结果。下面的例子说明了如何使用附录 A 和附录 B 中讨论的方法。

【例题 4.4】 假设例题 4.3 中的墙为配筋砌体墙，钢筋的强度 $F_y = 40 \text{ksi}$ (275.8MPa)，试设计该墙。

解： 满足配筋砌体墙的一般条件为

$$\frac{f_a}{F_a} + \frac{f_b}{F_b} \leqslant 1$$

在这个公式中，f_a 和 f_b 是计算的轴向应力和弯曲应力，F_a 和 F_b 是相应的容许应力。只要能确定出轴向受压和受弯的每一个应力值，即可得出弯压组合情况下的应力值。但是，首先要考虑的条件是墙体是否能够承受所有的弯矩。这可以通过计算最大抵抗弯矩 Kbd^2 得到（见 B.4 节中的讨论）。已知墙的强度 $f'_m = 1350 \text{psi}(9.3 \text{MPa})$，钢筋强度 $F_y = 40 \text{ksi}$，表 B.2 中的屈服值 $K = 66.6$（单位为 in·lb）。将墙墩宽度视为"梁"的宽度，即 46in(1.15m)，$d = 7.625/2 = 3.8125 \text{ in}(0.0953 \text{m})$，在墙中心处配筋，在无任何轴向压力时的最大弯矩为

$$M_R = Kbd^2 = 66.6 \times 46 \times 3.8125^2 = 44530 \text{in} \cdot \text{lb} \ (4.9 \text{kN} \cdot \text{m})$$

这表明即使不考虑组合应力，例题 4.3 中的弯矩也是不能承受的。

增加灌孔间距和配置竖向钢筋的确可以增加墙的强度，但不是没有限制的。许多情况下，一般结构中配置钢筋的目的是提高整个结构的刚度。

【例题 4.5】 假设在例题 4.4 中的墙承受均布荷载为 2500lb/ft(37.1kN/m)，作用于墙表面的侧向风力为 20lb/ft²(988.4N/m²)，试计算：

(1) 按无筋砌体墙进行设计。

(2) 按最小构造的配筋砌体墙进行设计。

解： 风荷载作用时，将竖向 10ft (3.0m) 的墙跨视为简支梁，其最大弯矩为

$$M=\frac{wL^2}{8}=\frac{20\times10^2}{8}=250\text{ft}\cdot\text{lb}=250\times12=3000\text{in}\cdot\text{lb}(333.6\text{N}\cdot\text{m})$$

(1) 无筋砌体墙。为计算压应力和弯曲应力的组合值，我们假设墙高度的中点附近弯矩达到最大。按表 4.1，假设混凝土的密度是 100lb/ft³ (1602kg/m³)，灰缝处砂浆饱满，墙的特性如下：

$$平均自重=40\text{psf}(1.9\text{kPa})(墙表面)$$

$$墙平均净横截面面积=48\text{in}^2/\text{ft}(0.1\text{m}^2/\text{m})(沿墙长度方向)$$

$$平均截面模量(S)=88\text{in}^3/\text{ft}(4.6\times10^{-3}\text{m}^3/\text{m})(沿墙长度方向)$$

在墙半高处，增加墙重的作用为

$$W=砌块高度\times一半墙高=40\times\frac{10}{2}=200\text{lb}(889.6\text{N})$$

因此，墙半高处总的受压荷载为 2500+200=2700lb(12.0kN)，平均净压应力为

$$f_a=\frac{P}{A_e}=\frac{2700}{48}=56.25\text{psi}(387.8\text{kPa})$$

最大弯曲应力为

$$f_b=\frac{M}{S}=\frac{3000}{48}=34.09\text{psi}(235.1\text{kPa})$$

得组合应力为

最大强度：　　　$f=56.25+34.09=90.34\text{psi}(622.9\text{kPa})$

最小强度：　　　$f=56.25-34.09=22.16\text{psi}(152.8\text{kPa})$ （压应力）

上述计算表明不存在净拉应力，而压应力的最大值远低于表 3.3 中增加风荷载的作用时给出的极限值 $150\times1.33=200\text{psi}(1379\text{kPa})$。

基于墙长细比 (h/t) 计算的容许应力，还考虑到这种情况下 $(f_a/F_a+f_b/F_b\leqslant1)$ 的相互作用效果并不重要，下面的配筋墙的计算中将证明这个过程。

(2) 配筋砌体墙。为了实现配筋，墙必须满足各种各样的标准，包括以下几点：

• 在灌浆孔中水平和竖向配筋的最大间距为 48in (1.2m)。

• 钢筋最小尺寸为 4 号。

• 墙两个方向总配筋 A_s 的最小百分比为 $0.002A_g$。

• 墙任一方向配筋 A_s 的最小百分比为 $0.0007A_g$。

因此，最小总配筋面积（两个方向的总和）为

$$A_s=0.002\times7.625\times12=0.183\text{in}^2/\text{ft}(3.8\times10^{-4}\text{m}^2/\text{m})$$

由于在水平方向增加考虑收缩效应，所以可能的选择为（见表 C.1）

水平方向配筋采用 48in 的 6 号钢筋：$A_s=0.110\text{in}^2/\text{ft}(2.3\times10^{-4}\text{m}^2/\text{m})$

竖直方向配筋采用 48in 的 5 号钢筋：$A_s=0.077\text{in}^2/\text{ft}(1.6\times10^{-4}\text{m}^2/\text{m})$

基于最小竖向配筋面积，总抵抗矩可以表示为（见附录 B.4 节）

$$M_R = A_s f_s jd = 0.007 \times (20000 \times 1.33) \times 0.9 \times 3.8125 = 7028 \text{in} \cdot \text{lb} (781.5\text{N} \cdot \text{m})$$

对砌体结构，弯曲压应力不能超过以下值：

$$F_b = 0.333 f'_m = 0.333 \times 1350 \times 1.333 = 600 \text{psi} (4137\text{kPa})$$

如果未提供专门的测试，上面的值必须减少 50%。

利用较低值，我们可以将总弯矩表示为

$$M_R = \frac{1}{2}(F_b k j d^2) = \frac{1}{2} \times (300 \times 0.33 \times 0.9 \times 12 \times 3.8125^2) = 7770 \text{in} \cdot \text{lb} (1.4\text{MPa})$$

轴向压力之与无筋砌体墙基本相同。虽然灌浆使结构自重略有增加，但墙的净截面面积也略微增加。参考无筋砌体墙的计算，假设 f_a 的平均值为 60psi(413.7kPa)。

对于轴向压力容许值，我们使用基于墙长细比的计算公式为

$$F_a = 0.20 f'_m \left[1 - \left(\frac{h'}{42t} \right)^3 \right]$$

$$= 0.20 \times 1350 \times \left[1 - \left(\frac{120}{42 \times 7.625} \right)^3 \right] \times 1.333$$

$$= 340 \text{psi} (2.3\text{MPa}) [\text{或未经检查的 } 170 \text{psi} (1.2\text{MPa})]$$

相互作用效应计算如下：

$$\frac{f_a}{F_a} + \frac{f_b}{F_b} = \frac{60}{170} + \frac{3000}{7046} = 0.353 + 0.426 = 0.779$$

上述计算表明这是安全的。

提示 我们用实际弯矩与极限弯矩的比值代替了 f_b/F_b，这是可能的，因为 f_b 由实际弯矩决定，并且 F_b 由极限弯矩决定，因而这个弯矩比与压力比一样。

这些计算表明无论墙体是否配筋，其强度都是足够的。实际上，配筋并未使墙体的强度有实质性的增强，这是由于受容许应力法的限制，而采用强度设计法通常表明配筋砌体的承载力提高。但从两种方法比较可见，配筋砌体结构的总刚度得到较大的提高。

承重墙常常也有其他使用功能，因此最终设计必须考虑它们的所有应用，本章中我们还将讨论墙的其他一些主要功能。

4.6 地下室墙

地下室墙通常有挡土的功能。也经常作为竖向承重墙、宽基础梁，或作为建筑物剪力墙的基础。一个完整的设计必须考虑到墙的所有要求。

由于挡土功能，地下室墙一般在水平支撑间竖向布置。对于单层地下室，墙体底部的支撑由混凝土地下室楼板边缘提供，墙体顶部的支撑则由建筑物第一层楼盖结构提供。假设存在类似于流动型的土动压力，当室外地面接近墙顶部时，墙体的受荷情况以及结构作用如图 4.5（a）所示。当室外地面低于墙顶部时，挡土墙所受压力如图 4.5（b）所示，此时侧向弯曲效应将大大减小。

如果有重型车辆在建筑物周边行驶，或室外地面高于地下室墙顶时。将出现如图 4.5 (c) 所示的超载效应。如果地下室墙体是多层的，墙体在压力作用下可能形成如图 4.5 (d) 所示的多跨构件受力状态。

地下室墙埋深较浅的轻型建筑结构，通常采用无配筋的砌体结构或混凝土结构建造。现行规范对大量类似墙体的精确计算表明，这些墙可能会产生一些过度压力，但长期经验表明这类墙体很少发生破坏，而成为人们继续采用的具体理由。尽管如此，当墙跨超过大约 10ft（3.0m），或者墙体承受超载时，极力推荐墙体中配置竖向配筋。

对于轻型住宅建筑，常常使用混凝土砌块砌体结构建造。为了取得最好的效果，建议遵循以下施工建议：

- 使用最低密度为 100pcf（1602kg/m³）的混凝土砌块。
- 使用 M 型砂浆，灰缝应饱满。
- 灌实全部孔洞。
- 顶层设置钢筋组合梁。

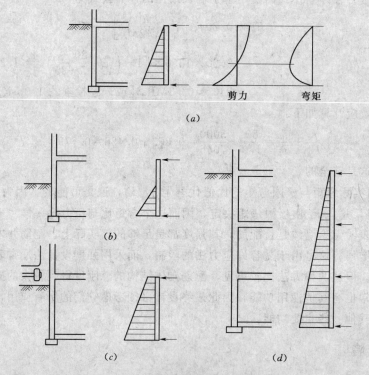

图 4.5 地下室墙侧向受压的各种形式

地下室墙体有许多基本要求，关键的问题是解决渗水问题，这可能取决于地下水的水位。当地下水位远低于墙的底部时，通常采用有限防潮层，或者采用砂浆缝密实、高质量施工等方法来避免墙体开裂，特殊情况下在低于地面以下墙体的外表面刷防水涂料。

如果存在高地下水位，或者建筑物附近需要大量灌溉，则有必要考虑防水处理，类似于平屋顶上经常使用的防水层。墙体需要使用较多的表面防水材料，对墙缝和地下室顶板采取特殊防水处理、施工中全封闭排水等措施。

地下室墙的结构设计方法，本质上与其他承受竖向压弯组合应力作用的墙体一样。下面的例子说明混凝土砌块矮墙的施工过程。

【例题 4.6】 图 4.6 所示为将要建造的某地下室墙体，所用混凝土砌块密度为 120lb/

ft³(1920kg/m³)，强度 $f'_m=1350psi(9.3MPa)$，孔隙率为 50％。假设表面仅有类似于液压的土压力 30psf(1.4kPa)，而无其他荷载作用，试设计该墙体。

解：该墙的荷载情况如图 4.6（b）所示，荷载包括墙体顶部作用的竖向均布荷载 1500lb/ft(21.9kN/m) 和土压力引起的侧向荷载。图示三角形分布荷载产生的最大弯矩为

$$M=0.128PL=0.128\times1500\times10=1920ft\cdot lb=23040in\cdot lb(2562.0N\cdot m)$$

砌体各层铺砌饱满砂浆，则墙的截面模量为（见表 4.1）

$$S=132in^3/ft(6.9m^3/m)$$

最大弯曲应力为

$$f_b=\frac{M}{S}=\frac{23040}{132}=175psi(1.2MPa)$$

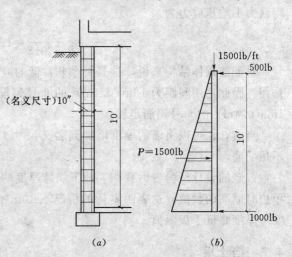

该应力值超过了表 3.3 中的最大值 170psi(1.2MPa)，因此不必再考虑由于轴向压力引起的附加应力，且如果墙体不设置竖向配筋显然不能满足要求。

如果设置竖向配筋，应该尽可能靠近墙的内侧放置，而不是在墙中心，因为这样才能获得配筋截面最有效高度，从而获得一个更大的抵抗弯矩（见附录 B 中的讨论）。假设名义尺寸为 10in

图 4.6 例题 4.6 中的基础墙
(a) 形式和尺寸；(b) 荷载情况

(0.25m) 砌块的有效高度 $d=6in(0.15m)$，那么仅用来承受弯矩的钢筋面积为

$$A_s=\frac{M}{f_sjd}=\frac{23040}{2000\times0.9\times6}=0.213in^2/ft(4.4\times10^{-4}m^2/m)$$

由于这是组合应力的情况，有必要再增加一些配筋。试采用钢筋间距为 16in(0.4m) 的 6 号钢筋，则有

$$A_s=0.330in^2/ft(6.9\times10^{-4}m^2/m) \quad （取自表 C.1）$$

这减少了实际应力与容许应力的比：

$$0.213/0.330=0.645$$

砌体结构中弯矩也受到弯压应力的限制，由于这个限制，可以认为平衡截面（见附录 B）的最大弯矩为 Kbd^2，其中 K 值从表 B.1 中选取，而砌体和钢筋的强度分别为

$$f'_m=1350psi(9.3MPa)$$
$$f_s=20000psi(137.9MPa)$$

则

$$M=Kbd^2=66.6\times12\times6^2=28771in\cdot lb(3.2N\cdot m)$$

在这个基础上，得出实际弯矩应力和极限弯矩应力之比：

$$\frac{f_b}{F_b}=\frac{23040}{28771}=0.801$$

该值成为计算的关键。

竖向压力作用时，最大应力出现在墙的底部。然而，更值得关注的应该是压弯组合应

力情况，该值使墙的高度中部附近变得更关键。出于合理的应力组合，我们考虑总竖向荷载为 1500lb/ft (21.9kN/m) 再加上墙顶之下 7ft (2.1m) 的墙体自重，于是有

$$墙重（全灌浆情况）= \frac{9.5}{12} \times 120 \times 7 = 665\text{lb}(3.0\text{kN})$$

$$总荷载 = 1500 + 665 = 2165\text{lb}(9.6\text{kN})$$

得最大平均压应力为

$$f_b = \frac{P}{A} = \frac{2165}{9.5 \times 12} = 19\text{psi}(131.0\text{kPa})$$

对配筋砌体结构来说，这是一个非常低的应力，显然此时的组合荷载对结构不起控制作用。因此选用间距为 16in(0.4m) 的 6 号钢筋就很保守，强度设计过程表明采用间距 16in(0.4m) 的 5 号钢筋足够。

当然，也可以将墙的厚度增加到名义尺寸 12in(0.3m)，这样就可以用无筋砌筑墙而不用配筋。

古老的设计经验告诉我们，地下墙体厚度的以英寸为单位时的数值不应小于以英尺为单位时墙高的数值。这表明本例的情况下 10in(0.25m) 厚的墙刚好满足要求，尽管它的实际厚度略低于极限值。

4.7 挡土墙

挡土墙用来抵抗侧向土压力，因此地下室墙也是挡土墙的一种形式。但是挡土墙的术语通常指悬臂挡土墙，即墙顶部无侧向支撑的自由端结构。对于这种墙设计时主要考虑墙高，这取决于墙两边土层高度以及侧向有效土压力的大小。

基于挡土墙结构两边土表面的高度有较大差异，一些不同的挡土墙类型如下(见图 4.7)：

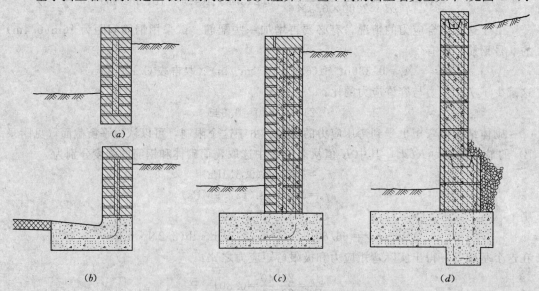

图 4.7　各种悬臂挡土墙结构
(a) 无基础的高砖路缘；(b) 带现浇混凝土排水沟的砌体路缘；(c) 背砌混凝土
砌块的砖面挡土墙；(d) 厚台阶的混凝土砌体墙

（1）路缘。这些是经常用于人行道、车道边缘或者规划区域周围的低矮结构。图 4.7（a）所示为无基础的砖砌块路缘。有可能的变化形式见图 4.7（b），现浇混凝土构件用来形成基础和排水沟。通常所用的路缘高出地面不超过 2ft(0.6m)。

（2）低矮挡土墙。如图 4.7（c）所示为高约 6ft（1.8m）矮墙的简单形式，这个结构由混凝土基础和砌块墙体组成，有砖和混凝土砌块贴面墙，形成墙内钢筋锚固在基础的悬臂墙。

（3）高挡土墙。随挡土墙的高度增加，必须提高结构抗侧力和抗倾覆能力。基础底部的附加剪力墙［见图 4.7（d）］增加了抗滑移能力，楔形墙厚增加了墙底部的抗剪和抗弯能力，更有必要增加基础宽度来抵抗挡土墙的倾覆。

对墙高大于 10ft 以上的挡土墙，有必要采取如增加壁柱、支撑或者横墙的侧向加劲梁等附加措施。

低矮挡土墙实际多为砌体结构，而高挡土墙大多采用钢筋混凝土结构，但如果需要也可用砌体作为饰面。下面的例子对图 4.7（c）所示的低矮挡土墙的设计过程进行了阐述。

【例题 4.7】 设挡土墙的形式如图 4.8 所示，砌体墙由混凝土砌块砌筑而成，砌块的密度为 120lb/ft³(1922kg/m³)，强度 f'_m 为 1350psi(9.3MPa)。设计适当配筋砌体结构，计算该增加砌体墙稳定性，抵抗滑动、倾覆的所需要的钢筋量。已知侧向土压力为 30lb/ft²(1.5kN/m²)，土自重为 100lb/ft³(1602kg/m³)。

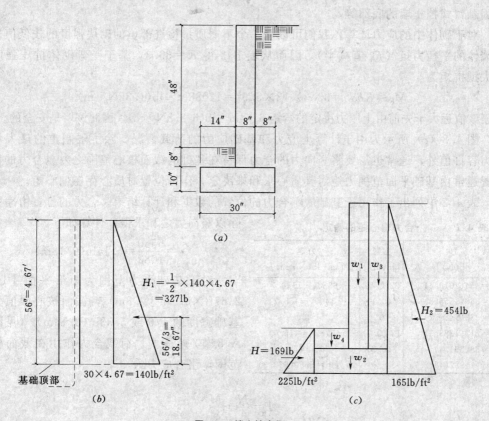

图 4.8 挡土墙实例

解：为简化计算，我们使用如图 4.8（a）所示墙体的名义厚度，墙体的荷载作用情况如图 4.8（b）所示。

最大侧向压力为

$$p = 30 \times 4.667\text{ft} = 140\text{psf}(6.7\text{kPa})$$

总水平力为

$$H_1 = \frac{140 \times 4.667}{2} = 327\text{lb}(1.5\text{kN})$$

墙基础的弯矩为

$$M = 327 \times \frac{56}{3} = 6104\text{in} \cdot \text{lb}(678.8\text{N} \cdot \text{m})$$

假设墙体的有效高度 d 大约为 5.5in（0.14m），因此墙体所需受拉钢筋面积为

$$A_s = \frac{M}{f_s j d} = \frac{6104}{200000 \times 0.9 \times 5.5} = 0.061\text{in}^2/\text{ft}(1.3 \times 10^{-4}\text{m}^2/\text{m})$$

保守地选用间距为 32in(0.8m) 的 4 号钢筋 [0.075in²/ft(1.6×10⁻⁴m²/m)] 或间距为 48in(1.2m) 的 5 号钢筋 [0.077in²/ft (1.6×10⁻⁴m²/m)]（见表 C.1）就可以满足设计需求。墙中的竖向钢筋必须锚固在基础上，这一点对高的挡土墙来说，可以通过设置与墙钢筋直径和间距相同的插筋来实现。而对于如图 4.7（c）所示的低矮挡土墙，可在浇筑基础时埋入弯成 L 形的单根钢筋，朝向取决于基础与墙的方向，这根钢筋也可以用来加固悬臂式挡土墙的底部等。

对于砌体中的应力计算，我们可以用一个不需质量检查部位的砌块强度的较低值来考虑墙体的平衡力矩（f'_m 值减半）。因而从表 B.2 得 $K = 33.3$，基于受弯砌体抗压强度的最大抵抗矩为

$$M_R = Kbd^2 = 33.3 \times 12 \times 5.5^2 = 12088\text{in} \cdot \text{lb}(1.3\text{kN} \cdot \text{m})$$

由于该值远大于先前由土压力决定的弯矩 6104in · lb(678.8N · m)，因此该墙是安全的。

图 4.8（c）所示为用于计算土应力和基础应力的荷载情况。除了限制土的最大承载应力容许值外，通常也需要将竖向力的合力保持在基础的截面核心范围之内。合力的作用位置通常由基础平面范围力矩对其质心求和来决定，作用位置对质心存在偏心矩。

表 4.2 中列出了作用于基础底部合力的位置的数据和计算结果。合力的位置由净力矩除以竖向力之和求得，计算如下：

$$e = \frac{5560}{1082} = 5.14\text{in}(0.13\text{m})$$

对于基础受力范围为矩形平面 [1ft×2.67ft×0.3m×0.8m)]，截面核心限值为在基础宽度的 1/6 或 5.33in(0.13m)（见附录 A.8 节）范围内。荷载合力作用在截面核心范围，组合应力为

表 4.2　　合力偏心矩的确定

力 [lb(N)]	力臂 [in(m)]	力矩 [in · lb(N · m)]
$H_2 = 454(2019.4)$	22(0.6)	+9988(+1110.7)
$w_1 = 350(1556.8)$	4(0.1)	−1400(−155.7)
$w_2 = 333(1481.2)$	0	0
$w_3 = 311(1383.3)$	12 (0.3)	−3732(−415.0)
$w_4 = 88(391.4)$	8(0.2)	+704(+78.3)
合计=1082(4812.7)		净力矩=5560(618.3)

$$P = \frac{N}{A} \pm \frac{M}{S}$$

其中　　　　N＝总的竖向力＝1082lb(4812.7N)

A＝基础的平面面积＝2.67ft^2(0.24m^2)

M＝作用于基础形心的净力矩＝5560in・lb（618.3N・m）

S＝矩形基础面积的截面模数

$$=\frac{bh^2}{6}=\frac{1\times2.67^2}{6}=1.188\text{ft}^3(3.2\times10^{-2}\text{m}^3)$$

因此最大和最小土压力分别为

$$p_{max}=\frac{N}{A}+\frac{M}{S}=\frac{1082}{2.67}+\frac{5560/12}{1.188}=405+390=795\text{psf}(38.1\text{kPa})$$

$$p_{min}=405-390=15\text{psf}(0.7\text{kPa})$$

最大土应力非常低，因此设计是安全的。设计土压应力至少 1000psf（47.9kPa），否则在这种地面上建造的任何建筑都是不安全的。

作用在基础底部的摩擦力和作用在墙体低边土的被动抗侧压力的共同作用，抵抗挡土墙的水平滑移。规范和设计者通常依据这些抗力的计算而选择修改设计，且一些规范允许这两种抗力简单的叠加。现以典型砂土为例计算，已知砂土的摩擦系数为 0.25，每英尺基础深度的被动抵抗力为 150psf(7.2kPa)，总抵抗力计算如下：

总主动侧向力＝454lb(2.0kN)

摩擦抗力＝摩擦系数×竖向静荷载＝0.25×1082＝270lb(1.2kN)

被动抗力＝$\frac{1}{2}$×（225×1.5）＝169lb（751.7N）

总抗力＝270+169＝439lb(1952.7N)

这表明挡土墙的抗侧向力不足，因此需要通过降低基础或增加抗剪楔形栓来修改设计［见图 4.7（d）］。

大多数情况下，如果低矮悬臂挡土墙的水平抵抗力超过了主动土压力，且竖向力的合力在基础的截面核心范围之内，设计者认为低矮悬臂挡土墙有足够的稳定性，但还应考虑墙体的抗倾覆稳定性是否足够。必要时，设计按以下步骤进行：受力状态与土应力分析时使用的情况相同，如图 4.8（c）所示。在竖向土压力分析时，由于被动土的抗力对结构有利，在力矩计算中不考虑被动土抗力。而倾覆力矩是绕挡土墙墙底产生，倾覆力矩和恒载产生的恢复力矩列于表 4.3，得抗倾覆的安全系数为

$$SF=\frac{\text{恢复力矩}}{\text{倾覆力矩}}=\frac{21740}{9988}=2.17$$

只要安全系数达到 1.5，设计中通常可以不考虑墙体的倾覆作用。

表 4.4 给出了低矮配筋砌体挡土墙高度在 2～6ft（0.05～0.15m）变化时的设计资料。表中的数据是通过设计实例的步骤计算出的，详细的挡土墙构造和标准如图 4.9 所示。

提示　表中列出了两种必须考虑的情形。第

表 4.3　倾覆效应分析

力 [lb(N)]	力臂 [in (m)]	力矩 [in・lb(N・m)]
倾覆力		
H_2＝454(2019.4)	22(0.6)	9988(1110.7)
恢复力矩		
w_1＝350(1556.8)	20(0.5)	7000(778.4)
w_2＝333(1481.2)	16(0.4)	5328(592.5)
w_3＝311(1383.3)	28(0.7)	8708(968.3)
w_4＝88(391.4)	8(0.2)	704(78.3)
		合计＝21700(2413.0)

　　一个需要注意的问题是在挡土墙后地表面的形状。如果地表面的形状很陡峭，墙上会作用一个较大附加荷载作用。表格设计方法基于假设地表面相对平整，最大坡度不超过 1 : 5。第二个需要注意的问题是挡土墙后土层中可能有的集聚水的问题。这可以通过合理的快速排水填充物（碎石）或用图 4.9 所示的方法在墙中设置排水沟来避免。

　　表 4.4 的墙厚是基于典型砌块的名义尺寸来确定的，为确定墙体高度，通常假设墙体砌块由中等密度的混凝土组成，且所有的孔洞用普通密度混凝土填充。

表 4.4　　　　　　　　　　　低矮砌体挡土墙设计①

墙高 H [ft(m)]	墙		基　础			配　　筋			最大土压力 [psf(kPa)]
	名义厚度 t [in(mm)]	墙重 [psf(kPa)]	w [in(mm)]	h [in(mm)]	A [in(mm)]	1	2	3	
2(0.6)	6(140)	55(2.6)	18(450)	6(150)	4(100)	3 号②,间距 48(1200)	—	2 个 3 号	550(26)
2.67(0.8)	6(140)	55(2.6)	22(450)	6(150)	6(150)	3 号,间距 32(800)	—	2 个 3 号	600(29)
3.33(1.0)	8(190)	75(3.6)	27(675)	8(200)	8(200)	4 号,间距 48(1200)	4 号,间距 48(1200)	2 个 4 号	700(34)
4(1.2)	8(190)	75(3.6)	32(800)	10(250)	10(250)	4 号,间距 32(800)	4 号,间距 32(800)	3 个 4 号	850(41)
4.67(1.4)	8(190)	75(3.6)	40(1000)	12(300)	12(300)	4 号,间距 24(600)	3 号,间距 24(600)	4 个 4 号	850(41)
5.33(1.6)	10(240)	95(4.6)	48(1200)	15(375)	15(375)	4 号,间距 24(600)	4 号,间距 24(600)	5 个 5 号	825(40)
6(1.8)	10(140)	95(4.6)	56(1400)	18(450)	18(450)	5 号,间距 24(600)	4 号,间距 24(600)	5 个 5 号	850(41)

①　见图 4.9。
②　3 号表示 3 号钢筋,其余同此说明。

4.8　剪力墙

　　剪力墙通常采用砌体结构墙体，形成建筑物的部分抗侧向力体系。侧向支撑也可以采用各种体系，但大多数低层建筑普遍采用的是箱形体系，尤其是水平和竖向隔板的组合形式。

　　水平隔板通常由屋盖和框架楼盖结构组成，构成刚性的水平平坦构件，水平隔板承受荷载并将其分配到支撑体系的竖向构件。图 4.10 所示为风荷载垂直作用在矩形建筑物一侧平面，抵抗风荷载的全部侧向体系由以下几部分组成：

　　(1) 假设迎风面的墙面受风压的直接作用，该墙竖向跨度为屋盖和楼盖间的距离。

　　(2) 假设屋盖和楼盖的隔板体系作为刚性平面（称为隔板），承受来自迎风面墙的荷载并将其分布到竖向支撑构件。

　　(3) 将竖向框架或剪力墙作为竖向悬臂，承受来自水平隔板的荷载并将其传递到建筑物基础。

　　(4) 竖向支撑构件锚固于基础之中，并将荷载传递到地基。

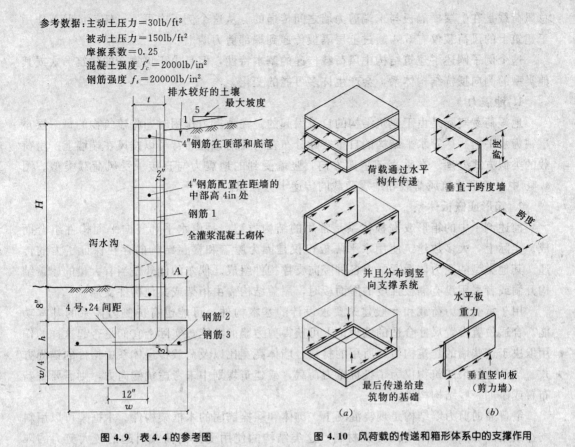

参考数据:主动土压力 = 30lb/ft²
被动土压力 = 150lb/ft²
摩擦系数 = 0.25
混凝土强度 f'_c = 2000lb/in²
钢筋强度 f_s = 20000lb/in²

排水较好的土壤
最大坡度
4″钢筋在顶部和底部
4″钢筋配置在距墙的中部高 4in 处
钢筋 1
全灌浆混凝土砌体
泻水沟
4 号,24 间距
钢筋 2
钢筋 3

荷载通过水平构件传递
垂直于跨度墙
并且分布到竖向支撑系统
水平板
重力
最后传递给建筑物的基础
垂直竖向板(剪力墙)

(a)   (b)

图 4.9　表 4.4 的参考图　　　**图 4.10　风荷载的传递和箱形体系中的支撑作用**

　　荷载沿结构的传递如图 4.10 (a) 所示,侧向抗力体系主要构件的作用如图 4.10 (b) 所示。迎风面的外墙为受荷作用的简支跨,承受垂直作用于墙面的均布荷载,并将反力传递到支撑。尽管墙体在几层楼盖间是连续的,但通常认为墙体在每一楼层处为水平简支,因而将每层墙体承担的荷载的一半传递到支座。根据图 4.10,上部墙体将一半荷载传递到屋盖边,另一半荷载传递到第二层楼盖边;下部墙体将一半荷载传递到第二层楼盖边,另一半荷载传递到第一层楼盖边。

　　屋盖和第二层楼盖隔板起着简支构件的支撑功能,承受来自外墙和端部剪力墙跨越范围的荷载作用,从而在墙面产生弯曲,形成背风面受拉和迎风面受压。隔板平面内也产生剪力,且在端部剪力墙达到最大值。多数情况下认为剪力由隔板承担,而弯曲产生的拉力和压力则传递到隔板边的梁格上,这种传递方式取决于结构的材料和构造方式。

　　端部剪力墙的作用与竖向悬臂构件一样,承受剪力和弯矩。上层的总剪力等于作用于屋盖的端部荷载。下层的总剪力是屋盖与第二层楼盖端部荷载之和。墙体的总剪力是以墙和支座之间滑动摩擦力的形式传递给基础。侧向荷载引起的弯曲并在墙面上产生拉力和压力,在基础底部产生倾覆作用,作用在墙上的恒荷载有利于墙体的稳定并抵抗倾覆作用。如果这种稳定力矩不足,有必要在墙和支座之间设置拉结筋。

　　如果第一层楼盖直接与基础连在一起,它实际上并不是起简支跨隔板的作用,而是直接将端部荷载传递到背风面的基础墙。无论如何,在这个例子中施加在建筑上的仅仅 3/4

总风荷载是在上层横隔板与末端剪力墙之间传递的。从这个例子中可见，任何情况下作用于建筑上的风荷载仅有 3/4 通过上层隔板传递到端部剪力墙上。

这个例子阐述了建筑结构中风荷载传递的基本特性，但是由于更复杂的建筑形式或其他类型的侧向抵抗结构体系，会产生许多可能的变化。

1. 地震力

地震荷载实际是由于建筑结构的自重引起的。在地震力作用时，将建筑物的每一层自重视为水平力。尽管水平结构的自重实际分布在平面内，但通常可以按风在端墙上产生荷载的类似方式处理。在垂直于平面方向，竖墙受到的地震力与直接承受风荷载类似。图 4.10 中，箱形建筑风荷载和地震荷载的传递十分相似。

2. 箱形或嵌板体系

前述例子中的箱形或嵌板体系是常用的结构类型，是由水平和竖向平面构件组合而成。实际上，大多数建筑使用水平隔板仅仅是因为屋盖和楼盖结构的存在保证了力的传递。其他类型的受力体系通常由各种竖向支撑构件组成。偶尔的例外是当有大量的屋盖结构开洞或者采用没有隔板强度的屋面板时，屋盖结构需由桁架或其他构件支撑。

用于承受重力荷载和一般建筑要求设计的基本构件，可能也有抗侧力体系的基本功能。合适位置设置尺寸合适的墙理论上可获得剪力墙的功能。实际上它们是否起这样的作用取决于这些墙的建筑构造、所用的材料、墙体高宽比以及荷载传递体系中构件的锚固方式。当然，如果建筑物仅为了抵抗重力荷载，或建筑规划中未考虑抗侧向力，则需要重新布置或添加一些结构构件。

最普通的剪力墙结构是现浇混凝土、砌体和螺栓锚固的木框架构件。木框架可以用斜支撑或用足够强度和刚度的外观材料。这类结构的使用受侧向荷载引起的较大剪力的限制，同时也受到防火规范要求和各种其他墙功能的影响。

3. 剪力墙的一般性质

如图 4.11 所示，剪力墙的一般作用如下：

（1）抵抗直接剪力。通常作用在墙面，由上部到下部或者到墙底之间的侧向力传递组成，主要产生剪应力，伴随产生斜向拉力和压应力。

（2）抵抗悬臂力矩。剪力墙一般类似竖向悬臂梁的受力状态，墙的一侧受压、另一侧受拉，并将倾覆力矩传递到墙的基础。

（3）抵抗水平滑移。侧向荷载直接传递到墙的基础上，使墙产生滑离支座的趋势。

通常认为剪应力函数与墙体的其他结构函数不存在相关关系。侧向荷载形成的最大剪应力与墙体结构的设计值相比，当风和地震力是主要的侧向荷载时，容许应力通常要增加 1/3。然后计算混凝土和砌体结构材料的实际应力，并与所用材料的容许应力进行比较。

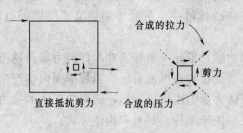

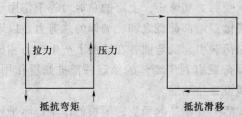

图 4.11 剪力墙的作用

作用在墙面的弯矩通常考虑由墙的两竖向端部来承受。在混凝土或砌体墙中，将考虑墙的端部具有柱的作用，实际上有时是通过增加墙端的厚度来实现的。在木结构的框架墙中，框架端部构件起着抵抗墙面弯矩的作用，必须通过重力荷载和侧向力作用的组合来计算端部构件的内力。

建筑结构整体和垂直侧向支撑体系中的各构件将共同承受侧向荷载产生的倾覆作用。水平风力作用引起的倾覆力矩必须同时考虑到屋顶向上的吸力产生上提的效应，当墙的高宽比不大于 0.5 以及墙的最大高度为 60ft（18m）的建筑物，考虑倾覆力矩和向上的吸力产生提升的效应后的组合作用将减少 1/3。基础上的覆土重量可以用来计算恒载抵抗弯矩。无论是整个建筑还是建筑中各个侧向支撑构件，倾覆力矩均不应超过恒载抵抗弯矩的 2/3 ［见 UBC 的 2311（e）节］。

对于地震作用，在 UBC 的 2312（h）1 节详细指出，当采用材料的工作应力法时，仅 85% 的恒载用于抵抗上提效应，这意味着必须设计锚固构件来抵抗其工作应力。

对于单个剪力墙，图 4.12 中给出了倾覆计算的方法。该图仅表示了单方向荷载作用的情况，但设计墙时必须要考虑两个方向的荷载作用。这里表示的恒载静载可能仅由墙自重引起，但一般情况应包括支撑结构上的恒载。

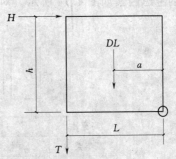

控制荷载 T：对于风荷载：
$$DL(a)+T(L)=1.5[H(h)]$$
对于地震作用：
$$0.85[DL(a)]+T(L)=H(h)$$

图 4.12　剪力墙的稳定和向下拉结作用（容许应力法，取自 UBC）

通常剪力墙底部的水平抗滑移，部分由恒载产生的摩擦力抵抗。砌体和混凝土墙的恒载非常大，一般摩擦阻力就足以抵抗墙的水平抗滑移，如果墙的恒载抗滑移不足，必须设置抗剪键。一般忽略不计木框架墙的摩擦力，因此必须设计基座螺栓来承受滑移荷载。

4. 设计和使用中的考虑因素

设计中需要考虑的一个重要问题是，作用于水平隔板的侧向荷载必须分配给一些剪力墙共同承担。如果结构对称或水平横隔板是柔性的，可以简化计算，但大多数情况下，必须计算墙的相对刚度。

如果考虑到静力和弹性应力-应变关系来，在荷载单元范围，墙体的相对刚度与它的挠度成反比。图 4.13 表示了剪力墙在两种假设条件下的变形形式。图 4.13（a）情形，

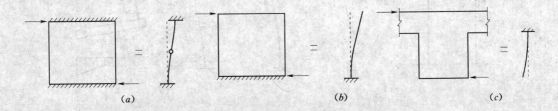

图 4.13　剪力墙的变形形式
(a) 墙顶部和底部固端；(b) 底部固端的悬臂墙；(c) 顶部固端的悬臂墙

认为墙顶部和墙底部为固端，变形为两条曲线弯曲形式，反弯点在墙高度的中部。这种情况通常适用于混凝土或砌体连续墙，这里的一系列墙片（称为墙墩），通过连续墙的上部墙体或刚度较大的其他构件连接。图 4.13 (b) 情形，认为仅墙的底部为固端，类似于竖直悬臂受力构件。这种情况通常适于独立墙且墙顶为无支撑的自由端，或者墙的上部结构刚度相对于本层墙较柔的情况。第三种可能的情况如图 4.13 (c) 所示，适于相对矮的墩墙并假设仅墙顶为固端，其变形曲线类似于图 4.13 (b) 的情况。

在一些情况中，墙的变形很大程度上是剪扭变形，而不是弯扭变形，这可能与墙体材料和结构形式或者墙体的高度与平面长度比有关。更重要的是抵抗动载的结构刚度和抵抗静载的结构刚度不同。

为了设计需要，有时必须确定剪力墙的实际的变形情况或相对刚度。其他的一些设计中的考虑因素如图 4.14 所示。对于简单的悬臂墙 [见图 4.14 (a)]，结构的受力特性很

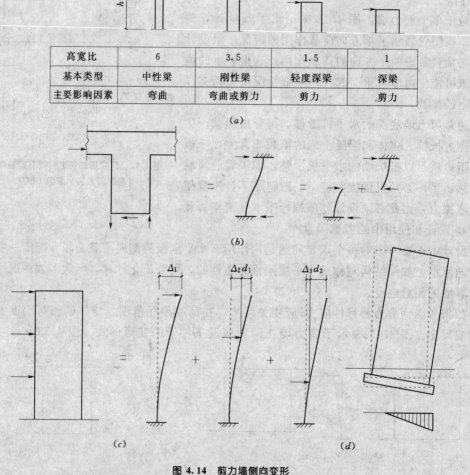

高宽比	6	3.5	1.5	1
基本类型	中性梁	刚性梁	轻度深梁	深梁
主要影响因素	弯曲	弯曲或剪力	剪力	剪力

(a)

(b)

(c)　　　　　　　　　　　　　　　　　　(d)

图 4.14　剪力墙侧向变形

(a) 不同跨高比的悬臂构件受力性能；(b) 全固结的砌体墩墙的变形假定；

(c) 多层剪力墙侧向变形；(d) 由于土压力不平衡造成剪力墙的倾斜

大程度受到高宽比 h/l（类似于梁中的跨高比）影响。弯曲多数在相对细长的梁中发生，其中 h/l 值大于 10，这尤其在椽和托梁中发生较多。多数情况下，剪力墙可以作为刚性梁来分析，但在更多情况下作为深梁，此时主要产生剪扭变形。

变形可以是单一的（如单个悬臂墙），也可以是复合的，例如图 4.14 (b) 所示的两端固定的墩墙或如图 4.14 (c) 所示的多层墙。如果必须进行变形计算，可以将复合的变形分解成图中所示的简单变形形式。

竖向支撑构件的主要关注点是屈服的可能性或支座处固端的破坏。对于一个简单的浅基础悬臂墙来说，不均匀分布的土压力可能在基础上引起较大的转动。即使可能不会导致实际的倾覆破坏，仍然能产生一个较大的支撑刚度损失，导致荷载传递到建筑的其他部分。

5. 刚度系数的利用

通常由许多单片剪力墙或墙段共同承担总侧向力，这需要确定总侧向力在单片支撑墙体上的分配。图 4.15 表示了单片墙可能发生的三种情况。

图 4.15 (a) 中，整片墙是由一系列分割而有连接的砌体墙片形成，各墙片间用较轻的结构形成砌体墙。如果这些分割的砌体墙段大小相等，且砌筑方法相同，则作用在墙上的总侧向荷载将简单地平分到各墙段。然而如果它们尺寸不同，则将按它们的相对刚度大小将总荷载分配到各片墙段。

对于图 4.15 (b) 中的墙，可认为剪力是通过水平面的窗洞来分配剪力，出现类似于图 4.15 (a) 的情况，但窗洞之间为两端固定的单片墙段的砌体构件。

图 4.15 (c) 所示为门洞之间的墙段，这种情况可以是两端固定 [见图 4.15 (b)] 或简单悬臂 [见图 4.15 (a) 或图 4.15 (c)]，取决于墙段底部的锚固和支撑特性。

假设这些墙段都是同样地砌筑，如图

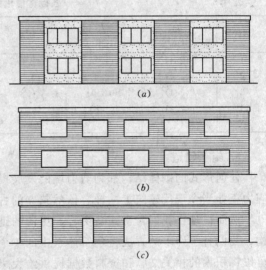

图 4.15 各种砌体剪力墙
(a) 单独而有联系的墩墙（底部固端的竖向悬臂）；
(b) 顶部和底部固定的单个连续墩墙；
(c) 顶部固端单个连续的悬臂墩墙

4.15 所示，将它们从彼此间区别开来的基本因素是它们的外部尺寸比（竖直长度与水平长度之比）。严格按照这个比值，以及它们是一端固定（简支悬臂）或者双端固定的条件，可以得到相对刚度从而确定侧向荷载在各墙段的分配。影响侧向力分配的因素在附录 C 的表格中给出，下面的例子介绍了如何应用。

【例题 4.8】 侧向力传递到图 4.16 所示的墙体中，求窗洞间各墙段所承担抵抗总荷载（H）的百分比。

解： 这种情况认为各墙段的顶部和底部固结，各墙段的刚度系数 R_c 可以从表 C.3 中获取，并以各墙段的 h/d 比为基础，各墙段分配的荷载可以通过乘以以下分配系数来

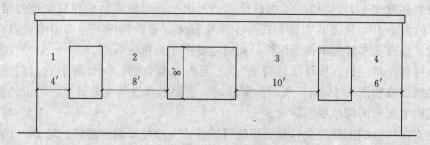

图 4.16　例题中的多个墙墩

确定：

$$DF = \frac{\text{单独墙墩的因子}}{\text{所有墙墩因子之和}}$$

分配荷载的计算归纳于表 4.5 中。

表 4.5　　　　　　　　　　　　各砌体墙段的荷载分配

墙段	h [ft(m)]	d [ft(m)]	h/d	R_c	DF	侧向力分配 (%)
1	8(2.4)	4(1.2)	2.0	0.1786	0.087	8.7
2	8(2.4)	8(2.4)	1.0	0.6250	0.304	30.4
3	8(2.4)	10(3.0)	0.8	0.8585	0.304	41.7
4	8(2.4)	6(1.8)	1.33	0.3942	0.192	19.2
				$S_{\text{合计}} = 2.0563$		

6. 施工建造

任何形式的砌体结构都为剪力墙的发展提供了一些贡献，古代建筑上作用的风力和地震力正如当今现代建筑上一样。依然耸立的古代墙体证明了它们能够抵抗这些侧向力。

然而，现在我们常常建造更轻、更薄的砌体结构，并且能加强砌筑措施建造更好的结构，我们有了许多的方法将建筑体系中的单个构件连接起来。并且更大的意义在于，我们可以将积累的相关文献和资料数据提供给大家分享。尽管我们从过去的建造者那里继承了许多有价值的经验，但抗侧力的设计技术是近些年才发展起来的。

在风不大且不知道实际地震何时会发生的地方，在无筋砌体结构中采用剪力墙是可行的。在风暴盛行或者地震灾害威胁很大的地方，或者简单说在必须抵抗较大荷载的地方，现在更偏向于采用配筋结构形式。规范为两种情况提供了数据和计算过程，并为主要承受风和地震作用的地方的配筋结构提出特别的设计要求。

抵抗侧向荷载的砌体结构的使用将在第 9 章建筑设计实例中阐述。这些只是使用普通结构构件的简单情况。复杂结构以及作用荷载非常大的结构的设计和施工措施必须要考虑到工程和建筑技术的最高水平，这些内容已超过本书的范围。

关于剪力墙设计的基本考虑如下：

（1）配筋砌体结构中为抵抗滑移或倾覆，通常通过插筋来加强墙与支撑的锚固。尽管无筋砌体墙的重量通常足够保持墙体的稳定性，设置特殊的锚固或剪力键对无筋结构也是必要的。

（2）墙必须有足够的支撑，必须相对保守地设计承重基础将土体变形减到最小。

（3）由于重力和侧向力组合荷载是通过支撑结构传递到墙，因此应仔细设计支撑结构的连接。主动抵抗侧向荷载是设计的关键，尤其是地震荷载作用时。

（4）应格外注意墙的洞口、墙角、墙交叉处不连续的应力状态。即使建筑为无筋砌体，这些部位也应该配筋。

4.9 基座

许多情况将短的受压构件称为墩或基座，一般用于基础或一些支撑构件间的过渡。基座的一些用途如下：

（1）允许使用较薄的基础。加大基础顶部的承重面积，通过基座减小基础的剪应力和弯曲应力，允许采用较薄的基础。这在容许土承载压力很低的地方是一个关键的问题。

（2）保护在地面上的木或金属构件。当基础的底部在地面以下一段距离时，基座可以用来保护地面上易受影响的构件。

（3）为基础上面一段距离的构件提供支撑。除了应用于以上的情况之外，还可以为距基础之上的一段距离的构件提供支撑。这可能在比较狭小的管道空间、地下室或用在基底必须下降相当距离才能获得足够的承载力的地方。

砌体或混凝土基座本质上就是短柱。当承受主要荷载时，它们应该设计配有竖向配筋、拉筋和插筋的配筋构件。而当荷载较小且基座的高度小于3倍厚度时，可以设计为无筋构件。如果用空心砌块（混凝土砌块等）建造，必须用混凝土灌实它们的孔洞。表4.6给出了高度较低的无筋砌体基座的数据。这个表仅提出了基座的参考尺寸，并且在一定荷载范围给出的基本设计概念，而非标准或推荐的尺寸。

基座有最大高度和最小高度的要求。如果基座非常短且基座支撑的部分的承载面积比较小时，类似于基础，基座中将产生一个相当大的弯曲应力和剪应力。如果基座高度不低于其宽度时，这种情况通常可以避免。对于混凝土基座，理论上可以像加固基础一样对其进行加固，但通常不可行。

砌体基座可以有相当大的变化。主要考虑砌块的类型、砂浆等级和砌体施工的类型等方面内容。假设表4.6中的基座采用混凝土砌块（混凝土块），且所用孔洞用混凝土灌实，这是当前广泛使用的结构砌体。对这种结构，我们采用UBC（见参考文献1）中的设计准则，如表3.3所给出，采用S型砂浆。基座毛截面的容许压应力为150psi(1.03MPa)。根据表中的脚注，与基座支撑部分接触的承重面积的容许应力可以增加50%。基于这些要求，可以获得已知基座尺寸的最大容许荷载，并在两个容许应力比的基础上得到柱的最小尺寸，这两项在表4.6中给出。

如果被支撑物体的接触面积小于表中列出的最小尺寸，基座的承载能力将受到接触面积而不是基座自身承载力的限制。所以表格基于接触面积的应力限制，包含了柱尺寸范围内的基座承载力。

虽然表4.6中的基座设计是采用了无筋砌体结构的准则，当基座高度超过基础厚度的2倍时，我们建议在基座的四角处配竖向配筋。这种配筋造价不高，并且不需要基础插筋。在一定程度上，能为基座提供一定的刚度抵抗混凝土收缩、温度变化和支撑结构在建造时可能的破坏。如前所述，如果基座高度超过厚度的 3 倍，应该将基座设计为有恰当竖向钢筋、水平拉结筋和基础插筋的配筋砌体柱。

　　基座也可以用砖砌筑，这样可能会提高它的承载力。但由于基座通常不暴露在表面，大多数情况下，采用混凝土砌块砌筑可能更经济，如表 4.6 所示。

表 4.6　　　　　　　　　　　　　无筋砌体基座

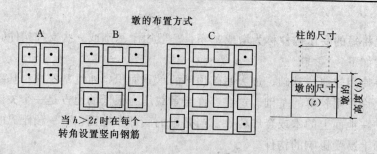

		16(0.4)	24(0.6)	32(0.8)
基座名义尺寸[in(m)]		16(0.4)	24(0.6)	32(0.8)
基座布局(见图例)		A	B	C
最大高度＝3t[in(m)]		48(0.8)	72(1.8)	96(2.4)
基于柱尺寸 P＝柱面积×0.225 的最大容许荷载(k)	8in(0.2m)	14.4	14.4	14.4
	12in(0.3m)	32.4	32.4	32.4
	16in(0.4m)	—	—	57.8
	20in(0.5m)	—	—	90.0
	24in(0.6m)	—	—	129.6
基于基座的毛面积 P＝基座面积×0.150 的最大容许荷载(k)		38.4	86.4	153.6
最大基座荷载要求下的最小柱尺寸[in(m)]		13(0.3)	20(0.5)	26(0.7)
建议的钢筋		4 个 3 号	4 个 4 号	4 个 5 号

　　除了表 4.6 中所示的形式外，其他用混凝土砌块建造的结构形式也是可能的。特殊的砌块常用来建造砌体柱，无论有否配筋都可以使用，这将在下一节中讨论。

4.10　柱

　　砌体柱可以采用很多的形式，最普通的形式是简单的正方形或长方形矩形截面。柱子一般定义为：一边的尺寸不小于其他边尺寸的 1/3，高度至少为其边长的 3 倍以上的构件。短柱称为基座（见 4.9 节），具有较长较薄平面尺寸的构件称为墙或墙段，见附录 A 中的讨论。

　　建筑中最常用的三种结构柱的形式如下所述（见图 4.17）：

　　（1）无筋砌体。无筋砌体柱可以是砖块 [见图 4.17 (a)]、混凝土砌块 [见图 4.17 (b)] 或石块结构 [见图 4.17 (c)]，通常限制其尺寸宽度以区别于基座。细长柱或者需要具有较大抗弯或抗剪的柱子需要配筋。

(2) 配筋砌体。配筋砌体柱可采用任何配筋砌体结构的常见形式，大多是采用全灌浆的配筋砖结构或者孔洞灌实的混凝土砌块砌体结构〔见图 4.17 (a)、(b)、(d)〕。用混凝土砌块作为外表的大柱子可能是下一种情况。

(3) 砌块贴面的混凝土。砌块贴面柱实际上是外表面为砌块的钢筋混凝土柱子。这种外表面可以是胶合板（在混凝土浇筑后应用）或者砌筑后浇筑混凝土形式。结构上将后一种形式视为复合结构，常常会更保守地设计，将外表面砌体的承载力忽略不计。

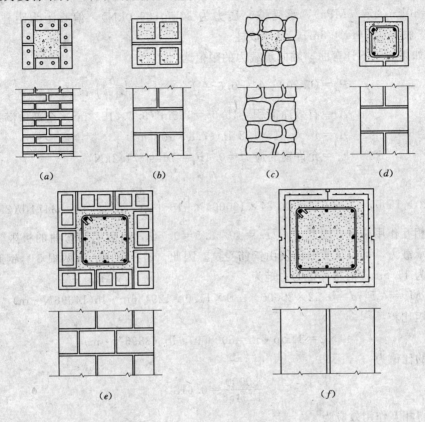

图 4.17 砌体柱的形式

(a) 砖或低空心率混凝土砌块无筋砌体；(b) 无筋或配筋混凝土砌块砌体；(c) 全灌注的石砌体；(d) 混凝土砌块壁的现浇混凝土柱；(e) 混凝土砌块壁的大混凝土柱；
(f) 预制混凝土砌块的现浇混凝土柱〔(d) 形式的放大〕

通常设计无筋砌体的短柱用于抗压，按表 3.3 中压应力的限值进行设计。通常容许承载应力取得高一些，除非直接承载面积接近柱的毛截面面积，通常不按照局部承压面积设计。

如果仅仅受压成为关注的问题，无筋柱的设计类似于竖向承重墙的设计（见 4.5 节）。如果压力是偏心作用的，必须考虑压弯组合作用，如附录 A.8 节所讨论。

【例题 4.9】 如图 4.17 (b) 所示，采用混凝土砌块设计短柱，名义尺寸为 8in×8in×16in (0.2m×0.2m×0.4m) 的长方体，砌体强度 $f'_m = 1500\text{psi}(10.3\text{MPa})$，如果是无筋砌体柱且使用的是 S 型砂浆砌筑，该柱的最大轴向压力是多少？

解： 假设承载力不成问题，由表 3.3 中得到空心砌块毛截面的最大应力为 150psi

（10.3MPa）。如果孔洞未全部灌浆，仅有50％的孔洞为实心，则总承载能力为

$$P = F_a \times 净面积 = 150 \times 15.5^2 \times 0.5 = 18019\text{lb}\ (80.1\text{kN})$$

配筋砌体墙的设计见附录 B.4 节。就目前钢筋混凝土柱的设计经验，通常认为所有柱子应按照能抵抗最小弯曲为标准设计，该最小弯曲为荷载偏心距等于柱边长的1/10产生的弯曲。下面的例子说明了这种简单柱子的设计过程。

【例题 4.10】 设例题 4.9 中的柱子中的孔洞全部灌浆，并配有 4 根 5 号钢筋，钢筋强度 $F_y = 40\text{ksi}(275.8\text{MPa})$，承受偏心压力为 20kip(89.0kN)，偏心距为距柱中心 2in(0.05m)，柱高为 16ft(4.8m)，设计该柱。

解： 如果忽略不计弯曲，轴向承载力的限值为

$$P_a = (0.20 f'_m A_e + 0.65 A_s F_{sc}) \times \left[1 - \left(\frac{h}{42t} \right)^3 \right]$$

其中

$$A_e = 有效净面积 = 15.5^2 = 155\text{in}^2 (9.7 \times 10^{-2}\text{m}^2)（全部填满）$$

$$A_s = 4 \times 0.31 = 1.24\text{in}^2 (7.8 \times 10^{-4}\text{m}^2)$$

$$F_{sc} = 允许钢筋应力 = 0.4 F_y = 16\text{ksi}(71.2\text{kN})$$

因此有

$$P_a = (0.20 \times 1500 \times 155 + 0.65 \times 1.24 \times 16000) \times \left[1 - \left(\frac{16 \times 12}{42 \times 15.5} \right)^3 \right] = 53474\text{lb}(237.9\text{kN})$$

由于相互作用关系，因此，$f_a / F_a = 40/53.5 = 0.748$，这表明为弯曲的极限。为近似估计弯曲承载力，可以认为截面仅由钢筋受拉。因此，设孔洞中心有两根 5 号钢筋，最大有效高度为 11.6in，钢筋产生的力矩为

$$M_R = A_s F_s jd = 0.62 \times 20000 \times 0.9 \times 11.6 = 129456\text{in} \cdot \text{lb}(14396\text{N} \cdot \text{m})$$

与实际力矩比较：

$$40 \times 2 = 80\text{kip} \cdot \text{in} = 80000\text{in} \cdot \text{lb}\ (8896\text{N} \cdot \text{m})$$

得 f_b / F_b 的比值为

$$\frac{80000}{129456} = 0.618$$

因此得相互作用效应为

$$\frac{f_a}{F_a} + \frac{f_b}{F_b} = 0.748 + 0.618 = 1.366$$

该值超过了 1，表明此柱不安全。

这是一个保守的近似分析，精确方法是使用强度设计法，并考虑其他钢筋受压作用，可能会产生略小的超过应力值。

砌体柱常用于壁柱，也就是与墙整体砌筑的柱子，这种情况设计可以采用各种横截面形状。壁柱的作用很多，例如，提高墙承受集中荷载的能力，减小过度的弯曲或墙的竖向跨度，支撑墙体减少墙的高厚比等。

除了作为墙的支撑外，壁柱通常也可作为独立柱设计。在一些情况下壁柱可能使柱与柱之间对墙的需求量减少。

壁柱可用于墙端或者加固大洞口的两侧。剪力墙的轴杆也可以使用壁柱以抵抗那里较大的倾覆力矩。

第**5**章

石　砌　体

20 世纪之前石块就是一种主要的建筑材料。现在石块与其他任何结构材料相比，它价格太高，数量稀少，砌筑困难。然而，真正的石块作为建筑物饰面材料仍然应用相当广泛。本章将主要讨论石块在结构上的应用，尽管这已经不再是石块的主要功能。

5.1　砾石和粗石建筑

无疑，石块最早的应用是自然界里用岩石堆成石堆。将石头集聚起来形成一个稳定的石堆，随着石堆变高确实需要长久耐心地寻求合适的石块尺寸和形状。今天，人们获得石块结构设计和建造的基本原理，这是通过堆石技巧逐渐发展起来的，其中一些基本技巧包括如下（见图 5.1）：

（1）大部分石块应该具有平整面或有棱角的形式，从而减少上部石块滚落下来的趋势。

（2）连续层（分层）处的竖向砂浆缝应该错开而不应该对齐，这有助于形成结构水平的连续性。

（3）通常采用一堆随意松散的材料（土、砂、碎石）堆砌时，较宽大的基础和锥形外形更有利于它的稳定。如果要抵抗一个单向侧向力，石堆将可能向与受力相反的方向倾斜 [见图 5.1（e）]。

（4）如果石垛堆砌较高时，水平层中部会轻微下凹 [见图 5.1（d）]，使石堆向内轻微地倾斜。

（5）非常宽的石堆可以保留大石块在石垛的周边和顶部 [见图 5.1（f）]。大多内部填充物可以采用粗糙的粒状材料（碎石、砾石、粗砂），但是顶部和侧边可以用一些黏土材料填充来密封石堆（古老的粗糙砂浆形式）。

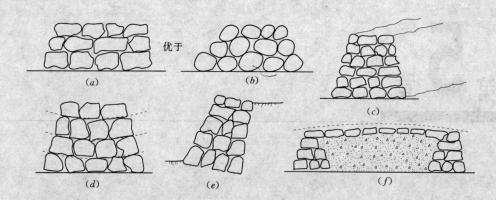

图 5.1   好的石堆形式

（a）平面有角的；（b）全圆的；（c）锥形的；（d）中凹的；（e）有方向性的石堆；（f）填充性结构

古代建造者知道，最好的石块结构是不需要协助就能维持稳定平衡的结构。砂浆主要用于放置好石块后填充空隙，砂浆凝固后使石堆更加稳定，而不是在砌筑初期用来支撑石块。

石块可以直接应用，也可以加工成型后使用，取决于石块的来源，自然形状的石块可以是圆形的、角形的或者扁平的，可以应用所有的形式，但是角形或扁平形状的石块通常会形成更稳定的结构。圆形石块可以用于石块间填充空隙，但其应用不太广泛。

为了获得小块和粗糙的块材（仅仅使它碎开或裂开）需要加工成型，也可用更精确的方法加工成规则的石块。用天然粗糙或较小形状的石块砌成的建筑称为砾石建筑。用非常整齐规则的矩形石块砌成的建筑称为料石建筑。

如果将石块准确地铺放在水平面上，称为分层砌筑。如果石堆内没有特别的分层目的，那么就称为随意砌筑。碎石、料石、分层和随意砌筑的组合如图 5.2 所示。变化和组合都有可能，复杂结构可以采用多种形式和多种类型的石块，并且在砌筑的布置上有更多变化。

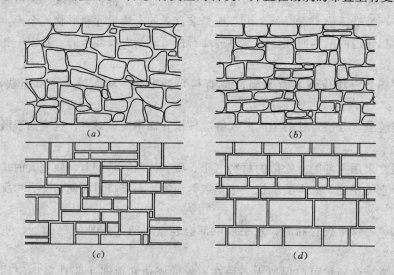

图 5.2   石砌体的类型

（a）随意砌筑的块石；（b）层砌的块石；（c）随意砌筑的料石；（d）层砌的料石

资料来源：经出版商 John Wiley & Sons 许可，取自《建筑结构原理》（参考文献 16）

1. 无筋砌体构造

石砌建筑结构通常也必须满足砖砌体或混凝土砌块砌体的规范要求精心建造。遵守规范的要求可以建造出优良工程。无筋石砌体结构与其他的砌体形式一样合理。

石砌结构通常比砖砌结构或者混凝土砌块砌体结构的建筑厚而且重。石块与其他建筑结构构件的连接必须考虑石块尺寸的粗糙和石砌建筑中的精确构造。在随意砌筑的砾石建筑中，锚固螺栓或安装其他连接设备需要付出更多的努力。

对于石砌长墙应该在水平方向采用配筋，如果形成了水平层，可以采用灰缝配筋。否则考虑另一种选择，采用混凝土砌块的组合梁。

组合梁必须用在墙顶部，如果顶部为石块更理想，组合梁则放在第二层。然而如果墙作为承重支撑结构，顶部应该采用现浇混凝土构件，这样可以保证更好地承重并将荷载分配到石砌建筑。

2. 配筋砌体构造

承受主要荷载的石砌墙体最好采用配筋结构。配筋石砌体可以采用多种形式，图5.3中所示为经常使用的两种形式。图5.3（a）中的墙可以采用与全灌浆配筋砖墙同样的方法来砌筑。墙中心形成较大的空隙可用于布置竖向、水平钢筋并且在空隙中灌浆。

图6.3（b）中的墙形成了一个更大更宽的空腔，可在现场浇筑成钢筋混凝土墙。这种情况下建筑物表面由石块构成，并与空腔中的钢筋混凝土一起作为组合结构共同受力。若为保守设计，这样的结构设计中可仅考虑混凝土墙的承载力，而将石块结构的承载力忽略不计。

对于任何形式的结构，包括本质上是无筋的结构，在开洞周边、墙端、拐角和墙体交叉处采用配筋都是明智的选择。

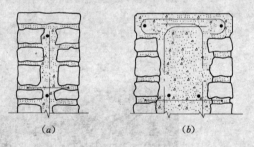

(a)   *(b)*

图 5.3 配筋石砌墙
（a）全灌浆（实心）砌体；（b）石砌面层混凝土墙

5.2 琢石砌体建筑

具有大量琢石的砌体结构建筑（采掘的花岗岩石等）除在古建筑的修复中用到，现在已经很少使用。大体积范围中使用这种建筑材料是很昂贵的，采用其他形式的建筑材料来建造结构更经济且不需要耗费很多的手工劳动。琢石几乎全部用作饰面，通常与钢筋和混凝土支撑结构同时使用。

在石块比较丰富并且其他建筑材料的使用受到限制的地方，可使用琢石来建造房屋结构，但通常采用图5.3（b）所示的形式更为可行。如果石块确实为现浇混凝土形成了一个模具，石块与混凝土的锚固很可能由石块狭缝或石块间砂浆层的拉结筋来实现。由于浇筑混凝土过程对石块有潜在的破坏，因此，琢石用作饰面板的设计更可行，这样可以先浇混凝土墙，然后将琢石锚固在混凝土墙上。

5.3　无砂浆砌体建筑

　　有时在施工现场采用无砂浆的石块砌筑作为低挡土结构。这可以是普通的砾石的随意砌筑，也可以用平扁的石块堆积形成层，如图 5.4 所示。缺少与支撑构件或其他建筑的联系使得这种结构的稳定性降低。

图 5.4　无砂浆砌筑的低挡土墙结构

　　很多情况下这种无砂浆的结构实际上是一个较好的选择，当铺砌石块时由于它能进行较小调整，较少发生出现在类似的砖结构或混凝土砌块砌体结构中开裂的情况。这种结构必须保持满足其功能的稳定要求，这与有砂浆砌筑的石砌结构一样应给予更多的关注。

　　无砂浆的石砌结构的另一个优点是它能通过结构排水，从而避免建造在挡土结构后。这也是实心墙情况同样要关注的问题。

　　尽管我们现在没有考虑建造无砂浆的石砌建筑，但其毕竟是古代最基本的建筑形式。

第**6**章

各 种 砌 体 结 构

无论现在还是将来，砌体结构仍是由不同材料采用多种方式砌筑而成。本书主要讨论目前美国使用的结构砌体，主要涉及的砌体形式已经在第3章和第4章中讨论过。尽管如此，仍有满足特殊需要的其他砌体形式，以及记载历史发展象征的砌体建筑。本章主要讨论有悠久历史的其他砌体结构。

6.1 土坯砖

土坯砖指建筑物砌筑过程中使用的一种砌块（太阳晒干未经过焙烧的砖块）。土坯砖建筑是一种非常古老的建筑形式，可能是其他形式砖砌体建筑的祖先。

土坯砖是以土为原材料简单制成，制作过程类似混凝土的配备。其中有胶凝材料（水泥-黏土），理想的级配骨料（对土坯砖而言是淤泥和粗细砂的级配），这些正是常温气候、干燥地区表层土中常见的材料，因此这些地方土坯砖建筑盛行。如果你住在亚利桑那州，并且想制作一些土坯砖，你只要走出房间在后院铲起一些泥土，加少许水拌和便可制成砖块。

要砌筑一堵墙，首先铺砌好一排砖，用制造砖的泥浆将砖间的缝隙塞满，再在砖排上面铺砌一层泥浆，然后铺砌另外一排砖，继续这个过程直到获得你所需要的墙高。手工操作的正常时间（包括午休和节日）足以保证下部墙层很好地干燥，逐渐变干的过程中墙体缓慢收缩并趋于稳定，从而形成一个非常稳定的结构。

如果你想在20世纪重现历史上曾经出现过的土坯建筑，你需掌握制作土坯砖的基本操作方法，不复杂的技术以及经济而科学的知识。只要有泥土、阳光、水和劳作的双手，就可以重现历史悠久的建筑文化。

图6.1是从《建筑标准图集》的第3版（1941年）中复制的一页，代表了年代悠久

的建造方法与现代高科技融合的形式。例如工业生产的钢窗、挡水板、锚固螺栓和使用钢筋混凝土构件加强等。这也表明，采用外部涂抹灰浆（水泥石膏）、利用旧的铁丝网加强是保护柔软的、易受潮湿影响的土坯砖建筑的基本技术。这种价廉物美、讲求实效的建造方法至今仍在工程的建造者中不断交流。

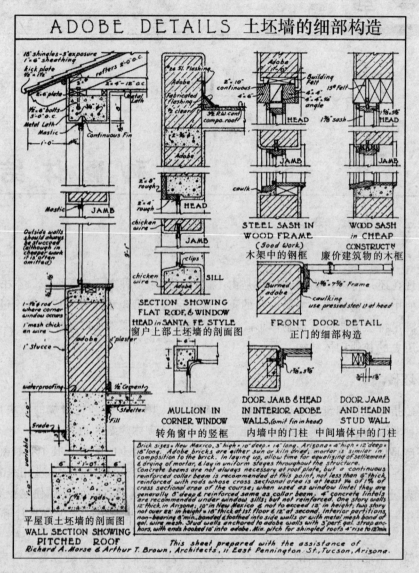

图 6.1　土坯墙的细部构造

资料来源：经出版商 John Wiley & Sons 许可，取自《建筑标准图集》（第 3 版），1941 年

　　十分有趣的是最近的《建筑标准图集》（第 8 版，参考文献 11）中，关于土坯砖建筑的内容增加到了 3 页。

　　土坯砖建筑的一个变化是使用了夯实土层，其中土坯砖制造材料（砂-淤泥-黏土），类似于现浇混凝土的操作方法。夯实形式为竖直操作，将较浅的泥土通过夯实

（冲压）形成密实的土层。另外的变化是采用了泥土加水泥，即在土中加入一定量的波特兰水泥形成土的混合物。普通土坯砖建筑物的基础也可以采用泥土-水泥这种材料来建造。

土坯砖是砖砌体建筑的基础，砖砌体中所用改善和增强砌体建筑的设计概念和操作技巧，实际上很大可能是来自于原始土坯砖建筑。其他砌体结构中壁柱、过梁以及洞口、拐角、墙交叉等处的加强措施，多层墙层的连接方法等同样适用于土坯砖建筑。

土坯砖建筑的砖块通常用来建造单墙层砌体。因此，标准砖比较大，通常在 10～12in（0.25～0.3m）之间。通常土坯砖尺寸做得越大越好，可以减少砌筑时需要的数量，加快施工速度。因此，土坯砖块的尺寸较接近于现在的混凝土砌块，今天混凝土砌块采用 4in（0.1m）或 6in（0.15m）高并具有凸边形式（称为滑移块）的块材，这是有意识地模仿远古的土坯砖建筑（见图 6.2）。

图 6.2　仿效古老土坯墙结构的现代混凝土砌块建筑

由于土坯砖的持久和流行，现代建筑规范对土坯砖建筑形式的贡献加以肯定，并为土坯砖的设计和建造提出了建议准则［见 1998 年版 UBC 中 2407 (i) 6 节］。

6.2　玻璃砌块

用于隔墙和外墙的大尺寸玻璃砌块形式已经有了很多年，是一种透光但可以分隔视觉的情况下使用。成为在 20 世纪三四十年代建筑时尚风格的标志。随着时尚的变化这种建筑曾经受冷落而应用减少，但最近这种玻璃砌块建筑的形式又开始复出。

典型的玻璃砌块较重，尽管通常强度较高，但它们的使用仅限于非结构的用途。这种高耐久性材料使它们十分适合于建筑的外表面，主要的用途是装配玻璃。轻钢框架与玻璃块材结合起来建造大型墙体，玻璃主要起填充作用并有助于支撑细长的框架构件。

6.3   黏土瓷砖

人造砌块通常由烧结黏土或现浇混凝土的方法制造。小的块材做成实心，而大块材有较大的孔洞。早期，烧结黏土用来生产大体积的空心块材，称为瓦片或瓷砖。尽管现在黏土瓷砖大量被混凝土砌块取代，但它们仍然是混凝土砌块的祖先，且当前大量混凝土砌块砌体建筑的发展源于黏土瓷砖。

黏土瓷砖块材的特殊形式是用作建筑陶瓷，这些有釉彩的表面用于外部的装饰，由于它们仿效了细琢石的特点且造价经济而得到发展，19世纪和20世纪初期广泛用于精细的檐口和建筑的外装饰。由于与砌块砌体结构一起使用，黏土瓷砖的使用经久不衰，直到仿效它们的其他建筑材料不断发展而取代了它们的位置（见图6.3）。

图 6.3   仿效精雕石块的玻璃瓷砖建筑

烧结黏土可以容易获得高于大多数现浇混凝土的强度，因此尽管黏土瓷砖尺寸较大，但其具有很薄、很轻的特点。较大的块材可以获得相当稳定的模数体系，因此砌筑完的墙体通常在端部、上部和洞口处用砖块匹配。

第 **7** 章

砌体结构建筑的应用

砌块最初主要作为一种结构材料发展起来，并广泛用于建筑的外承重墙。因此，许多历史性的建筑遗迹（包括建筑物）的外表面都使用砌体材料以增加表现力。这使经久耐用的砌体无论作为建筑材料或辅助用材，都产生了极大的公众效应。如今，新型建筑中使用的砌体很大程度上已不局限于结构砌体；实际上常用建筑物不完全是砌体结构。本章提出砌体在建筑物中使用的一些考虑，且主要强调砌体在非结构方面需要注意的问题。尽管砌体形式的主要重点是砌体的结构功能，但大部分情况下砌体材料的应用仍然是主要的。

7.1 地区因素

现在，使用意义上建筑风格在向全球化发展，然而，建筑的材料和造型仍具有很强的区域性。这一点对砌体结构来说尤为明显，主要有下面的一些原因。

1. 地区性生产材料的使用

许多因素影响到地区性产品在普通建筑中的使用。对砌体而言，主要关注的问题是砌块材料的重量大，需要的数量多，使得砌块材料远距离的运输不切实际。在一些特殊的地区，砖块用量超过了混凝土砌块，仅仅因为当地可以方便得到高质量的砖块，因此使市场竞争更加激烈。

2. 气候

当地的气候条件也会成为一些建筑材料或形式是否适合或不适合在该地区的使用。不具备保温隔热的墙适合于气候温和的地方，但目前不被气候寒冷的地方所接受。温度变化范围、降雨量、冰冻程度和地震灾害都是各地区应考虑的因素，这将影响建筑材料和形式的选用。

3. 规范的影响

建筑规范和当地的行业标准很大程度上制约了既定地区砌体结构的设计和建造。这些规范和标准在范围和形式上更趋向于国家的统一标准，但是各地区的具体情况和存在的利益可能会产生较大的影响。当地的技术协会、砌体工程承包商、砌体生产商和供应商以及砌体行业机构协会都会经常影响当地的规范和条例。

4. 地方经验和习惯的连续性

无需证明，建造的成功是鼓励人们继续使用该建筑方法的基础。当一种特殊类型的地方建筑大量且成功地使用多年后，就在当地确定了它的坚固地位，从而许多标志性建筑都由它建成。如果要在建筑风格或声称有更好特性的建筑来改变已有坚实基础的方法并非易事。

在大量信息快速传播时期，地区的差异表面看似得到了一些消除，亚利桑那州的 Anchorge 市区看起来就像亚利桑那州的 Tucson 市区。实际上，各地区有许多真正充足的理由选择建筑方法和材料的使用。如果有任何区别，那就可能是人们对于地区问题没有给予足够的合理关注，因而被称为"最新设计趋势"的不符合常理的建筑风格和构造则被引进。这是一个可以从历史上吸取的教训，且学习永无止境。

关于地区性的砌体应用应注意以下几点：

（1）有大风暴或地震历史的地区不应该使用无筋砌体结构，实际上多数规范已排除这点。

（2）控制缝和其他构造措施可用来减轻热胀冷缩引起的温度应力，这在寒冷气候地区很关键，因为室外温度季节性变化非常大。

（3）对严重冰冻或降雨量较大的地区，必须特别重视露天砌体建筑内钢筋配置的构造，因为该地区钢筋锈蚀的可能性大大增加。

（4）较寒冷的地区，外墙必须使用隔热层，这通常在非结构砌体中更容易实现，形式和构造必须考虑到建筑需求，还要考虑结构和其他物理反应等问题。

（5）在提出建房的地区内，材料的可行性和特殊的建造方法均要仔细研究。项目越小，关注应该越多。

（6）要研究本地的规范，同时要合理应用砌体结构建筑规范。规范的条例是由一些政府部门制定且具有法律效应的，尽管它常滞后于最新的国家标准。

7.2 建造方法的选择

对于任何建筑，其材料和建造方法的选择受很多因素影响，可以优先考虑建筑业主或设计者的选择，但也不能忽略其他方面的影响。如果不考虑等级或重要性，下面一些问题需要关注：

（1）规范和标准。强制性规范条例和目前盛行的行业标准更注意控制设计和施工构造。应该选择真正可用的建造方式，而不是选择没有使用可能性的想法。

（2）造价和基本可行性。这一点受到很多因素影响，对任何特殊情况应该进行全面的考虑。准确的费用难以敲定，但是相对造价的变化量应比较少。对于室外工程，可以调高一些费用以获得更为理想的外观。除非严格地按照工厂方法，其他结构应用由经济控制

（见 8.8 节建筑经济的一般讨论）。

（3）可选择的信息。为满足任何一种情况下的建筑设计要求，针对不同的建筑形式和材料的使用，一般有一些可供选择的方式。正确作出选择需要科学研究、经验以及可靠的信息。

7.3 建筑构造

建筑的设计最终以建筑方案、构造和设计规定的施工图纸进行表达和交流。对于结构来说，设计工作中较多的工作内容是结构计算和合适的构造处理。

结构构造设计考虑的因素很多，即使情况类似但结构构造设计也不相同。设计者和建造者经常有个人的偏爱和风格，应考虑存在行业标准，当然有些情况下设计会不止一种设计资料，应该优先考虑相关资源中获得的最新信息。

许多建筑构造有地方特色，尤其是建筑物外观的处理。必须谨慎地选用特殊建筑的构造，或仅考虑某个地方的资料使用时，必须了解地方规范、当地的气候条件、建筑物适宜的形式。

最后也是最重要的，正如材料和产品在不断变化，规范要不断修订，相关价格在不断波动一样，建筑构造也会迅速陈旧过时。近期失败的工程将是对设计者和生产商之前所宣称的情况最好的驳斥。

本书中我们用了许多构造图例，但没有一个具有权威性。作为一般参考我们推荐阅读参考文献 7、9、10 和 11。然而，所引用的出版物已不是最新版的。

7.4 增强措施

砌体墙有时用于无任何装饰情况，而当它们作建筑墙体使用，尤其是外墙时，常常要对砌体结构的基本形式进行额外的加强措施处理。

1. 使用装饰层

普通的附加处理形式是墙体表面采用装饰层，这常常用于砌体承担承重任务，如作为承重结构使用的混凝土砌块墙。无论内墙和外墙，可以采用任何一种类型的表面装饰。装饰层的连接部分是砌体主要的关注点。如果连接部位需要考虑预埋构件（锚固螺栓、插入细铅丝等），必须表述清楚，因为这是砌筑工人工作的一部分。任何关于砂浆层的铺砌、砂浆层厚度、砂浆层与其他构件的界面处理，砂浆层的配筋，或者其他可能需要注意的问题，都必须作为基本建筑构造研究。

所有形式的砌体，各种装饰层连接处理中存在大量的金属连接件，但对砌体工程结构设计者而言，这些连接件的使用一般不是他们需要关心的问题，但是，砌体中特殊的连接件的使用需要有专门的规定，这是结构设计者必须考虑的问题。

2. 隔热

实心砌体墙一般情况不能有效阻止热源流动。关于这个问题有两种不同的情形需要考虑：寒冷天气和酷热天气。当室外温度很高，此时室内在 75°F（24℃）左右较舒适条件，室外条件为 100°F（38℃）以上，虽然温差不超过 14℃，但室内也会感到很不舒服。但这与空气湿度和流通影响相比，夏天气候凉爽时通过围护结构的热流动已不是主要问题。

然而，寒冷气候条件的冬天表现为室内外温差多达 $100°F$、（$38℃$）以上。这种情况下，围护结构对热流的阻碍效果显得非常重要。因此，在寒冷气候下，围护外墙必须考虑有效的保温隔热措施。

增强抵抗热流动能力的砌体已有了很多的研究发展（见图 4.3），也可以借助墙的各种构造形式来抵抗热的流动，如附加玻璃纤维页岩或泡沫塑料薄板，这些材料可采用螺栓或表面粘贴与砌体或混凝土墙连接成整体。

砌体建筑物的设计中除考虑结构设计这个因素之外，对于隔热，需要考虑所需数量的确定、各种热工性能的有效费用比、砌体结构构造的特殊适应要求，以及复杂系统设计与墙体基本建筑设计之间的关系等诸多因素。因此，建筑结构设计的任何情况下，设计者都必须意识到结构设计决策中各种因素之间较多的相关关系。

改善砌体隔热效果的一种方法是在结构中使用一个热断层。这可以采用在饰面层与承重结构间设置空气层来分隔墙体的形式。该方法也可采用不填塞砖砌体结构夹层，或不对空心砌块建筑的孔洞灌浆实现获得部分效果。空气间隙本身起到了阻断热流动的作用，而在空气间隙中加入隔热材料也同样可以增强隔热效果。

由于砌体墙有较大的密度和质量，表现为具有潜在的蓄热构件，某些情况下这点至少与砌体的隔热效果同样重要，在估计结构总的热效应时必须影响考虑这个因素。

3. 热的聚集与辐射

如前面章节中所述，砌体墙具有较大蓄热作用。在气候环境变化引起日常温度波动较大的地区，这种材料的惰性效应很大。图 7.1 表示了一天 24h 内温度波动的一般形式，图中给出了天气晴朗情况下从早晨较低温度到中午的较高温度的变化。围护墙体中的室内空气温度随着室外温度变化而变化，但略有些滞后。如果围护墙体是一个很好的隔热屏障，室内温度在总体上从高到低的变化幅度较小。

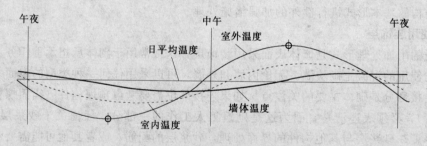

图 7.1   日常温度波动和热惰性效应

建筑物具有的另外的阻热效果，是以质量蓄热形式的惰性效应。一般热在室外的空气与太阳、室内的空气与居住者之间，有三种交换的方式，而且都是以建筑物为热能辐射体。建筑物在夜里温度变低，中午吸收室内的热来释放它的冷却效果，然后白天吸热，并从傍晚到早晨再次重复这种效应。

为了获得上述的效果，建筑的墙体面积必须大量地暴露在室外，如果砌体的外墙越厚这种情况越好。然而，只有在气候相对温和，每日温度变化较大的地区（如美国西南部的干燥地区），这种效应才非常明显。虽然有时内墙的隔热效果差一些，墙体的隔热应该考虑内外墙体组合效应。

在气候寒冷的地区，室外温度昼夜长时间较低，如果想保持室内的温度，即保温隔热效果好，最好将隔热层放在外墙面。这种情况下如采用带有空气隔层砖饰面的外墙，保温隔热最有效。

4. 防水

建筑物围墙必须阻止降雨和冰雪融化水的渗透。砌体的砂浆缝密实或无较大裂缝则可以直接阻止水渗透，但大多数砌体材料或多或少都会吸水。在混凝土砌块或砖表面增加覆盖层和上釉可以降低砌块的吸水性，但是这样做会带来如何保证砂浆的良好黏结问题。

墙表面可以增加覆盖层来阻止潮湿渗透。一般良好地保养砂浆、保护墙体的饰面层，都有助于减少墙体表面的劣化。

但是，水很容易通过砌块之间、砌体和建筑物的其他构件连接部位，如砌体与窗框连接处的砂浆缝渗透。良好的构造处理措施，正确使用挡水板、密封胶，对确保水或空气不会通过灰缝渗透是必要的。

5. 隔声

砌体墙的相对刚度、厚度和密度都有助于阻止声音在空气中传播。人们更乐意（因为这样或那样的原因）在汽车旅馆、单间公寓以及其他私密空间中使用分隔墙。

但是，所有的情况中，声音都可以通过很小的洞口传播，这些洞口如门周围的缝隙、顶棚的边缘、从墙里穿过的电线或其他的设备的周边。它也可以从墙的侧面传播，如从一个窗户进出到相邻的窗户。然而，良好的隔声屏障是从墙体基本建造开始，砌体在这个方面通常具有优势。

声音可以在结构中传播，即使实心砌体隔声效果也不是很好。采用控制缝（分隔连续实心墙体结构）或使用弹性面层也许有助于改善隔声效果。

6. 防火

连续的砌体墙通常可以很好地阻止火势蔓延，且常常用作主要屏障。如同空气可以传播声音，火也可以通过裂缝或墙缝边蔓延，因此对建筑中的防火必须多加考虑。尽管基本砌体材料能够抵御火在墙面的蔓延，但若装饰面使用了一些易燃材料将使情况发生改变，从而降低了建筑物防火的潜在能力。

第 **8** 章

建 筑 结 构 一 般 问 题

本章包含了对有关建筑结构设计的一般问题讨论，这些问题大多数在前面的章节中未涉及，但通常整体建筑设计时需要考虑这些问题。有关设计资料的一般应用将在第 9 章的设计实例中阐述。

8.1　概述

不同地区的建筑物，其材料、施工方法和结构构造措施都有较大的不同。这些情况受许多因素的影响，包括气候和建筑材料来源的影响。即便在同一个地区，由于设计师的建筑设计风格和建造者技术的差别，各个建筑物也存在差异。然而，在任何时期，多数建筑只要所用结构类型和尺寸给定，通常都存在一些主要的、普遍的建筑方法。本章所介绍的建筑方法和构造都是合理的、普遍的，而非个别和独特风格的建筑。

8.2　恒载

恒载是由所建建筑物的材料重量组成，如墙、隔板、柱、框架、楼盖、屋盖和顶棚的重量。在设计梁的时候，恒载必须考虑梁的自重。表 8.1 列出了各种建筑材料的重量，这些都是恒载计算中可能用到的，恒载是由于重力产生的垂直向下的力。

除非建筑物经常发生改建和重新布置，否则一旦建筑完工，恒载是永久不变的荷载。由于恒载的这种长期持久特征，在设计中需要考虑以下一些因素：

（1）恒载总要包含在荷载组合中，除非是计算某种单独荷载的影响，如仅有活荷载作用下产生的变形。

（2）恒载的长期特性产生特殊效应，如木结构中会产生松弛使设计应力折减，混凝土结构中产生徐变影响，等等。

（3）恒载产生一些独特的效应，如抵抗由风荷载引起的向上风力和倾覆效应，增加稳定。

表 8.1   建 筑 结 构 的 自 重

结　构	自　重	
	lb/ft²	kN/m²
屋面		
3 层轻便屋面（卷材，复合）	1	0.05
3 层油毡和砂砾石	5.5	0.26
5 层油毡和砂砾石	6.5	0.31
屋面板		
木材	2	0.10
沥青	2～3	0.10～0.15
黏土瓦	9～12	0.42～0.58
混凝土瓦	8～12	0.38～0.58
1/4in（6.25mm）板岩	10	0.48
纤维玻璃	2～3	0.10～0.15
铝合金	1	0.05
铁	2	0.10
隔热材料		
纤维玻璃页岩	0.5	0.025
硬质泡沫塑料	1.5	0.075
泡沫混凝土，矿物骨料	2.5/in	0.0047/mm
木椽子		
2×6，间距 24in（0.6m）	1.0	0.05
2×8，间距 24in（0.6m）	1.4	0.07
2×10，间距 24in（0.6m）	1.7	0.08
2×12，间距 24in（0.6m）	2.1	0.10
压型钢板		
22ga	1.6	0.08
20ga	2.0	0.10
18ga	2.6	0.13
天窗		
钢框架玻璃	6～10	0.29～0.48
铝合金框架塑料	3～6	0.15～0.29
胶合板或软木盖板	3.0/in	0.0057/mm
顶棚		
悬挂槽钢	1	0.05
板条		
钢丝网	0.5	0.025
1/2in（12.5mm）石膏板	2	0.10
纤维瓦	1	0.05
干饰面内墙，石膏板，1/2in（1.25×10⁻²m）	2.5	0.12
塑料		
吸声石膏	5	0.24
水泥	8.5	0.41
悬挂照明和通风管网系统（平均值）	3	0.15
楼板		
1/2in（12.5mm）硬木	2.5	0.12

结　构	自　重	
	lb/ft²	kN/m²
1/4in（62.5mm）乙烯瓦	1.5	0.07
沥青树脂	12/in	0.023/mm
陶瓷瓦		
3/4in（18.8mm）	10	0.48
薄套	5	0.24
5/8in（15.6mm）纤维板垫层	3	0.15
地毯垫板平均值	3	0.15
木板	2.5/in	0.047/mm
压型钢板，碎石混凝土填充料，平均值	35～40	1.68～1.92
混凝土板，石骨料	12.5/in	0.024/mm
木托梁		
2×8，间距 16in（0.4m）	2.1	0.10
2×10，间距 16in（0.4m）	2.6	0.13
2×12，间距 16in（0.4m）	3.2	0.16
轻质混凝土填充料	8.0/in	0.015/mm
墙		
2×4 螺栓，间距 16in（0.4m）（平均值）	2	0.10
钢螺栓，间距 16in（0.4m）（平均值）	4	0.20
板条、石膏（见顶棚）		
石膏干饰面内墙，单个 5/8in（15.6mm）	2.5	0.12
7/8in（21.8mm）粉墙灰泥，或铁丝网、纸糊或油毡	10	0.48
窗户，平均值，玻璃＋框架		
小型窗玻璃，单层窗玻璃，木制或金属框架	5	0.24
大型窗玻璃，单层窗玻璃，木制或金属框架	8	0.38
增加为双层玻璃	2～3	0.10～0.15
幕墙，人造砌块	10～15	0.48～0.72
砖饰面板		
4in（0.1m），砂浆连接	40	1.92
1/2in（12.5mm），树脂连接	10	0.48
混凝土砌块		
轻质，无筋——4in（0.1m）	20	0.96
6in（0.15m）	25	1.20
8in（0.2m）	30	1.44
重质，配筋，灌浆——6in（0.15m）	45	2.15
8in（0.2m）	60	2.87
12in（0.3m）	85	4.07

砌体结构需要特别注意恒载，因为其重量与用轻质材料填充的框架相比重很多。地基沉降可能会导致刚度大、脆性大的砌体破坏，因此也是设计中的关键。另一方面，恒载作为永久荷载，有助于建筑物的稳定或锚固。恒载有利于建筑物抵抗向上的风力和倾覆效应作用，但对于地震效应，砌体重量增大意味着增加了地震惯性力，使得建筑物所承受的侧向地震荷载增大。

正如本书中别处提到，实心而厚重的砌体可以作为热惰性好的构件，当室外温度有较大变化时有助于室内环境温度的稳定。

8.3 建筑规范要求

建筑物的结构设计在很大程度上受建筑规范的约束，因为建筑规范是该建筑物获得合法建造批准的基本条件。建筑规范（以及建造获得允许的过程）由各城市、各州或国家的一些政府机构管理。但大多数建筑规范是以一些标准规范为基础，在美国广泛使用的有以下规范：

（1）《统一建筑规范》（UBC，参考文献 1），由于其抗震设计资料全面，广泛用于美国的西部地区。

（2）《BOCA 国家基本建筑规范》，广泛用于美国的东部和中西部地区。

（3）《标准建筑规范》，用于美国的东南部地区。

这些标准规范有很多相似之处，基本数据和参考资料包括许多参考的行业标准来源也基本相同。但是，在一些标准规范和许多市、县、国家的规范中，一些规定反映了当地的特殊情况。

关于结构的控制，所有规范都有与以下规定一致的有关的材料（本质上是相同的）：

（1）最小设计活载。这将在 8.4 中讨论；所有的规范都有与表 8.2 和表 8.3 类似的表格，都来源于 UBC。

（2）风载。风载通常与当地风暴的具体情况有关，具有很强的区域性，标准规范根据地理区域的不同，提供了不同的数据。

（3）地震效应。这同样有地区性，是西部地区一些州主要考虑的问题。推荐使用的数据需要经常的修改，以便反映该地区最新的科学研究和实践的成果。

（4）荷载作用的持续时间。荷载或设计应力基于荷载作用时间的长短而经常修改，从结构承受恒载的使用开始到承受一秒的脉动风压或单独最大地振动之间变化，经常调整结构的安全系数，有关这部分内容的应用在设计例题中说明。

（5）荷载组合。这部分以前主要由设计者考虑决定，而现行规范已经作为一般规定，主要是由于增加了极限强度设计方法和荷载分项系数设计法的应用。

（6）各种结构类型的设计数据。这涉及结构使用的基本材料（木材、钢材、混凝土、砌体等）、特殊结构（塔、阳台、杆系结构等）和特殊问题（基础、挡土墙、楼梯等）。这在广泛使用的行业标准和一般的实践经验中通常得到认可，但是地方规范可能反映特殊的地方经验或要求。通常应基于结构设计的最低安全，一些特殊的限制可能导致结构出现大量不确定的特性（如颤动的楼板、抹灰层开裂等）。

（7）防火。对于结构来说，有两个需要对建筑结构控制的基本方面。第一个方面是结构的倒塌和较大的结构损失；第二个方面是控制火的蔓延范围。这些方面对建筑物材料的选择（如易燃材料或非易燃材料）和结构构造（如混凝土中钢筋的保护层、钢梁的防火措施等）都有所限制。

这部分设计例子中的大部分是以 UBC 中的准则为基础。

8.4 活载

活载是除了恒载以外的可能发生的所有非永久性荷载。然而，活载这个词一般仅指作用在屋盖和楼盖表面的竖向重力恒载。这些荷载通常与恒载组合一起构成设计荷载，但是活载通常有随机性的特征，并且必须考虑不同荷载情况下的活载的组合作用，见 8.3 节中的讨论。

1. 屋面荷载

屋盖除了承受的作用其上的恒载之外，常设计用于承受包括积雪荷载的均布活荷载以及屋面施工和维修时产生的活荷载。雪荷载是以当地的降雪量为基础，并且由当地建筑规范的规定。

表 8.2 给出 1988 年版的 UBC 规定的屋面最小活荷载，注意到屋面坡度和结构构件支撑的屋面总面积的调整，后者的计算中要考虑到当表面面积尺寸增加时，增大总表面荷载缺乏相应资料的可能性。

表 8.2 　　　　　　　　　　　　　 屋 面 最 小 活 荷 载[①]

屋 面 坡 度	方 法 1			方 法 2		
	任何结构构件平方英尺附属的受荷面积			均布荷载[②]	折减率 r（%）	最大折减 R（%）
	0～200	201～600	>600			
平屋顶、或起拱小于 4in/ft（0.33m/m），或圆顶起拱小于跨度的 1/8	20	16	12	20	08	40
起拱 4～12in/ft（0.33～1m/m），或圆顶起拱为跨度的 1/8～3/8	16	14	12	16	06	25
起拱大于或等于 12in/ft（1m/m），或圆顶起拱大于或等于跨度的 3/8	12	12	12	12	不允许折减	
除帆布覆盖之外的雨篷[③]	5	5	5	5		
温室、板条房和农用建筑[④]	10	10	10	10		

① 在雪荷载发生的地方，屋面结构的荷载设计应由法定建筑决定，见 2305（d）节。对于特殊目的的屋面，见 2305（d）节。

② 对于活载折减见 2306 节。折减率 r 在 2306 节式（6-1）中也按此表取值。最大折减率 R 不应超过表中的值。

③ 定义在 4506 节中。

④ 对于温室屋面构件的集中荷载要求见 2305（e）节。

资料来源：经出版商国际建筑管理人员大会许可，引自《统一建筑规范》（1988 年版，参考文献 1）。

屋盖表面的设计也要考虑到承受风荷载作用，风荷载的大小和作用方式应基于当地风荷载历史记录，和当地建筑规范的规定确定。对于轻屋面结构，有时关键的问题是风向上的作用效应（吸力），这可能超过了恒载而产生一个净的向上力。

尽管平屋顶一词常常被采用，但实际上一般屋顶并非真正的平屋顶，因为所有的屋面设计必须考虑排水，而最小的倾斜坡度通常是 1/4in/ft（0.02m/m），或者大约 1：50 的坡度。若屋顶表面接近于平面，一个潜在的问题是积水，而屋面积水的重量会导致支撑结构的变形，变形又会产生更多的积水（如在池塘中），积水又引起更大的变形等，这样一个恶性循环现象，将导致结构加速破坏和倒塌。

2. 楼面荷载

楼面上的活荷载代表了使用产生的可能效应。其包括了居住者、家具、设备和储藏材料等的重量。所有的建筑规范提供了不同的使用功能的建筑物设计中使用的最小活荷载。由于不同规范中对活荷载缺乏统一规定，所以设计中应该使用地方规范。表 8.3 中给出的楼面活荷载值是来自于 UBC。

表 8.3　　　　　　　　　　　　　　　最 小 楼 面 荷 载

使 用 和 居 住		均布荷载[1]	集中荷载
分　类	描　述		
1. 入口楼板系统	办公用	50	2000[2]
	计算机用	100	2000[2]
2. 兵工厂		150	0
3. 装配面积[3]和会堂以及附属阳台	固定座位面积	50	
	移动座位和其他面积	100	0
	舞台面积和负附带平台	125	0
4. 檐口、雨篷和住宅的阳台		60	0
5. 出口设施[4]		100	0[5]
6. 汽车车库	一般的仓库和/或修理	100	[6]
	私人或娱乐类型汽车车库	50	[6]
7. 医院	住院部和房间	40	1000[2]
8. 图书馆	阅览室	60	1000[2]
	堆积室	125	1500[2]
9. 制造厂	轻型	75	2000[2]
	重型	125	3000[2]
10. 办公室		50	2000[2]
11. 印刷厂	印刷车间	150	2500[2]
	排字、行型活字印刷车间	100	2000[2]
12. 住宅[7]		40	0[5]
13. 休息室[8]			
14. 预览站台、看台、露天看台		100	0
15. 屋面夹板	同样的服务或用作调节占有类型的面积		
16. 学校	教室	40	1000[2]
17. 人行道和车道	公共入口	250	[6]
18. 仓库	轻型	125	
	重型	250	
19. 商店	零售	75	2000[2]
	批发	100	3000[2]

[1]　见 2306 节活载的折减。

[2]　见 2304（c）节，第一个图，受荷面积的应用。

[3]　包括舞厅、训练室、体育馆、操场、广场、地坪以及类似的一般作为公共场所入口的建筑的装配场。

[4]　出口处设备应该包括使用承受 10 人或更多人的走廊、外部出口阳台、楼梯、防火通道以及类似的使用。

[5]　单独的楼梯踏步应该在承受最大应力位置处能承受 300eb 的集中荷载作用。楼梯纵梁必须能够承受表中的均布荷载作用。

[6]　见 2304（c）节，第二个图，承受集中荷载。

[7]　住宅包括私人住所、公寓、旅馆客房。

[8]　休息室荷载不应小于与它们相关的占有荷载，但没有必要超过 50lb/ft²。

资料来源：经出版商国际建筑管理人员大会许可，摘自《统一建筑规范》（1988 年版，参考文献 1）。

尽管规范的取值表示为均布荷载，但是通常规范需要建立计算集中荷载的情况。对于办公室、停车场和一些其他场所，通常规范需要考虑均布荷载和集中荷载。当建筑用来放置重型机器设备、储存材料和一些非常重的物体时，结构设计必须单独考虑这些因素。

当框架结构构件的承载面积较大时，多数规范允许设计中采用的总荷载进行一些折减。在屋面荷载这种情况中，这些折减合并在表 8.2 的数据中一起表示。下面是 UBC 给出的确定较大楼面承载面积的梁、桁架或柱的允许折减系数。

除了公共场所（剧院等）的楼面以及活载超过 100psf(4.79kN/m^2）的情况，构件的设计活载可以根据下面的公式来折减：

$$R=0.08(A-150)$$
$$R=0.86(A-14)$$

式中　R——折减率；

　　　A——构件支撑的楼板面积。

对于水平构件或仅承受一层楼盖荷载的竖向构件，折减不超过 40%，其他竖向构件折减不超过 60%，或者 R 可以由下式决定：

$$R=23.1\left(1+\frac{D}{L}\right)$$

式中　R——折减率；

　　　D——每平方英尺支撑面积的恒载；

　　　L——每平方英尺支撑面积的活载。

在办公楼和某些其他类型的建筑中，隔墙可能不是永久固定在一个位置，而是根据建筑物使用者的需求从一个位置移到另一个位置。为了提供这种灵活性，习惯上通常需要在其他恒载中增加 15～20psf(0.72～0.96kN/m^2) 的容许应力。

8.5　侧向荷载

在建筑物设计中，侧向荷载一词通常指风荷载和地震作用，即在静止的结构中产生了水平力。由于实践和研究的不断发展，各种建筑规范推荐的方法和该地区的设计标准和方法也在不断地修订，例如 UBC。

篇幅的限制不允许侧向荷载及其抗力设计这些问题做全面讨论，下面的讨论概括了最新版的 UBC 设计中的一些标准，应用这些标准的例子在建筑结构设计的各章节中给出。关于详细的讨论，读者可以参考《建筑物在风及地震作用下的简化设计》（见参考文献15）。

1. 风

风是地区性的主要设计问题，地区规范中关于风的设计要求比较多。但是许多规范仍然包含了关于风荷载作用力以及相对简单的抵抗风荷载的设计准则。《美国国家标准关于建筑和其他结构最低设计荷载》（ANSIA58.1－1982，见参考文献2），在 1982 年由美国国家标准协会出版，是含有关于风荷载设计的最新标准之一。

完整的风荷载设计包含了大量建筑和结构需要关注的问题。下面是来自于 1988 年版 UBC 中关于风的相关规定的一些讨论，其与刚才提到的 ANSI 中列出的材料是一致的。

（1）基本风速。这是某个地区使用的具体最大风速（或速度）。它基于风的历史记录，并且根据发生的可能性来作出调整。对于美国大陆风速可以从 UBC 中图 4 获得，作为一个参考点，这些风速是在地面上 10m（大约 33ft）高度处的标准测量位置记录得到的。

（2）地面粗糙度。这是指建筑场地周围的地面环境。ANSI 标准描述了四种地面条件（A、B、C 和 D），UBC 仅用了两种（B 和 C）。条件 C 指的是场地周围 1.5mile 或更大范围内为平坦、开阔的场地。条件 B 场地周围有建筑物、森林或地表面不规则高度为 20ft（6m）或更高，并且覆盖了场地的周围 1mile(1609.3m) 或更大范围内至少 20% 的面积。

（3）基本风压（q_s）。这是基于当地临界风速的基本统计等效值。它在 UBC 中表 23-F中给出，并且根据在 ANSI 标准中给出的下列公式：

$$q_s = 0.00256V^2$$

例如，对于风速为 100mph，有

$$q_s = 0.00256V^2 = 0.00256 \times 100^2 = 25.6 \text{psf}(1.23\text{kPa})$$

在 UBC 表中取为 26psf。

（4）设计风压。这是垂直施加在建筑外表面的等效静压力，由下式 ［UBC 中 2311 节式（11-1）］ 确定：

$$p = C_e C_q q_s I$$

式中　p——设计风压力，psf；

　　　C_e——高度、粗糙度、阵风折减的组合系数，如 UBC 表 23-G 中给出；

　　　C_q——整体结构或部分结构的风压系数，如 UBC 表 23-H 中给出；

　　　q_s——UBC 表 23-F 给出的 30ft(9.0m) 高度处的风振压力；

　　　I——重要性系数。

对于关系到公众健康和安全的基础设施建筑（如医院、政府办公楼），以及 300 多人居住的建筑，其重要性系数取 1.15。对于其他建筑重要性系数取 1.0。

作用于任意给定建筑表面上的设计风压可以是正的（向内）或负的（向外，吸力），UBC 中给出了风载压力的符号和数值。单独的建筑面或内部的各部分设计必须考虑这些压力。

（5）设计方法。结构设计中进行风压设计的应用，规范给出了两种方法。UBC 中表 23-H 给出了单个构件的设计情况下用于确定 p 值的 C_q 系数的值。对于基本的支撑体系，C_q 值和及其使用方法如下：

1）方法 1（垂直力方法）。这个方法中，假设风压力同时垂直作用于所有的外表面。对于有山墙的刚性框架的任何结构都可以采用这种方法。

2）方法 2（投影面积法）。这个方法中，认为作用在建筑上总的风荷载是由两种情况的组合，一种为向内的水平风荷载（正的），作用于建筑物的竖向投影面上；另一种为向外的风荷载（负的，向上的），作用在建筑物平面的全部投影面上。除了有山墙刚性框架结构，这种方法适于高度不超过 200ft 的任何结构，这是过去的建筑规范中经常用到的方法。

（6）上提效应。整个屋面甚至整个建筑，上提效应可以是常见的荷载效应。它是一个局部受力现象，如作用在单片剪力墙上的倾覆力矩的情况。一般情况下，采用任一种设计方法都要考虑上提效应的影响。

(7) 倾覆力矩。大多数规范要求恒载抵抗矩（又称为恢复力矩、稳定力矩等）和倾覆力矩的比不小于1.5。若不满足这种情况时，上提效应必须通过设置大于倾覆力矩的锚固来抵抗。对于相对高且细长的塔结构来说，倾覆力矩对整个建筑物来说是一个关键问题。对由单片剪力墙、桁架、劲性框架支撑的建筑，由单个构件来计算倾覆。除了非常高的建筑和有刚性山墙的框架之外，该项计算通常采用方法2。

(8) 侧移。侧移是指由于侧向力引起结构在水平方向上的变形。规范规定通常限制单层侧移（某一楼层高度范围相对于其上层或下层的水平位移）。UBC没有考虑风荷载作用下建筑物侧移限制，其他标准给出了各种建议，常用的建议是楼层侧移限制不超过0.005倍的层高（这是UBC对地震侧移的限制）。对于砌体结构，有时风荷载作用下的侧移限制为不超过0.0025倍的层高。正如结构变形的其他情况中，对建筑结构侧移的影响必须考虑，幕墙或内部隔墙的构造都会影响侧移限值。

(9) 荷载的组合。虽然风荷载是单独计算，但结构效应必须同时考虑其他荷载共同作用。大多数情况下，能够知道哪种组合是设计中最关键的控制情况，但多数规范还是给出了荷载组合的相关规定。随着使用荷载种类的增加，对于不同类型的荷载需要应用不同的荷载系数进一步修正。因而基于可靠性设计计算，以及不同荷载作用效应的安全性，允许进行个别控制。科学研究和不同的相对安全重要性对不同的荷载来源和影响的大小给予调整。关于荷载组合的规定在UBC中2303节给出。

(10) 特殊的问题。大多数设计规范中的一般设计准则适用于普通建筑。需要进行进一步研究的特殊情况（有时需要）如下：

1) 高层建筑。建筑的高度尺寸与其总的外形尺寸及预计使用者的数量都是高层建筑设计的关键。设计中必须考虑局部风速较大和高度增加时风的特殊现象。

2) 柔性结构。柔性结构可能会受到包括振动或颤动以及简单移动的各种因素影响。

3) 特殊形状的结构。敞开结构、大型悬挂结构或其他有较大突出部分的结构，以及形状复杂的任何结构，都应该仔细考虑可能发生的特殊风效应。一些规范甚至建议需要进行风洞试验。

对于各种普通建筑中规范规定的使用，详见第9章设计实例。

2. 地震

地震作用时，建筑物上下和前后摇动。这种前后运动（水平方向）通常更强烈并且易于使建筑产生巨大的不稳定性。因而结构的抗震设计大多数情况下要考虑水平力（或称侧向力）。这种侧向力实际上由建筑物的自重产生，更准确地说，是由建筑物抵抗运动的惯性力和建筑物运动动能的质量产生。在等效静力简化过程设计法中，认为建筑结构的荷载作用是由水平层中一部分建筑自重形成，即将建筑物视为一个悬臂梁竖直旋转90°，底部与地面形成固定端，承受由建筑自重在水平方向的荷载。

一般情况下，水平地震作用效应的设计与风荷载水平作用效应的设计十分相似。的确，抵抗风荷载和水平地震作用时，都采用同样侧向支撑的基本类型（如剪力墙、桁架、劲性框架等）。但是，也有一些较大的不同，大多数情况下主要用来抵抗风荷载的支撑体系用于抵抗地震作用可能更合理。

由于抗震设计步骤和标准较复杂，这部分的例子中我们不再阐述地震作用效应的设计。尽管如此，对于地震是设计中主要考虑因素的地区，这里设计实例中有关建筑物的构件和侧向支撑也适用一般情况。对于结构计算，一个主要区别是确定建筑物中荷载取值和荷载的分布形式。另一个主要区别在于真实的动力效应，风力通常主要表现为通过单个、较大、单向的阵风；而地震表现为快速、前后、可逆方向的往复作用。一旦动力效应转变为等效静力，两者支撑体系的设计问题十分类似，包括了剪切、倾覆、水平滑移等方面的考虑。

对于地震作用的构造和等效静力方法的计算，读者可以参考《建筑物在风及地震作用下的简化设计》（见参考文献 15）。

砌体结构存在对地震的破坏显得十分脆弱的一些性质，主要包括以下几点：

（1）自重。侧向地震力是由建筑物质量产生的，而且砌体结构通常很重。

（2）刚度。柔性结构通过它们的变形可以耗散地震的一些动能效应，而砌体结构通常很刚硬且是一般不变形。

（3）脆性。砌体材料的抗拉能力较差，裂缝的产生会使其发生脆性破坏。

良好的设计可以减轻这些影响因素，然而，无筋砌体结构的抗震效果并不理想，为改善砌体结构的抗震性能，应采用配筋砌体结构。

8.6 结构规划

结构的设计规划需要完成两项主要的工作。

第一项主要工作是结构自身的合理安排，如结构几何形式、实际的尺寸和比例、构件基本稳定和相互作用关系。无论建筑物简单或复杂、小或大、结构普通或特殊，都必须面对这些问题。支撑的跨梁必须有支座，且有足够的高跨的比；拱的水平推力必须得到保证；上柱与下柱的中心应该对齐；等等。

第二项主要工作一般是结构设计和建筑设计的相互关系，作建筑规划时必须考虑到结构设计，尽管这两者可能不完全相同，但它们必须结合在一起考虑。建筑结构设计者的主要工作，在特定的建筑规划设计时应想到结构设计规划（或者是有可供选择的结构形式）。

有助于设计的工作是，建筑规划和结构规划交替进行，而非一个在前一个在后。建筑师了解结构方面问题越多，或结构工程师（如果是另一个人）了解建筑方面问题越多，交互设计的可能性越大。

尽管每栋建筑物都有其独特之处，但如果将所有的变化因素都考虑到，则大多数的建筑设计问题都成为重复工作。这些问题通常有许多可供选择的方案，每个解决方案都是根据方案比较进行不同的增减，最终的设计方案是在对选择的方案进行比较评价的基础上确定的。

"选择"一词似乎包含了所有已知的可能方案，而未考虑到新方案出现的可能性。问题越普通，实际上的方案越正确。然而，科学技术的不断发展和设计者丰富的想象力，使很多新方法层出不穷，即使是最普通的问题也有从未出现过的新方案。当新建筑的使用中出现了规格的跳越、新的性能环境这些真正的新问题时，就真正需要创新。而一般情况下，老问题采用新的解决方案时，其优越性必须与先前的方案比较后才能正确评价它们。

广义概念上，选择的过程应包括所有可能选择方案的考虑：那些知名的方案，那些新的方案，以及没有证明而仅仅是想象中的方案。

砌体结构设计方案的考虑必须注意到砌块的构造尺寸和建造类型。虽然砖块有各种各样的尺寸，一旦选定了砖块的具体尺寸，它的尺寸也应符合建筑模数的要求。砖块可以切割，但要使它们的竖向尺寸符合建筑模数的要求通常不太可行。因此，砌体结构的竖向尺寸应该是砌块高度加上灰缝的厚度的模数的重复。

砌体建筑中混凝土砌块的施工受更多限制，这是由于砌块不易整齐地切割。不同的情况可以采用许多尺寸和形状特殊的砌块，但一般情况下，结构砌筑过程中要按照逻辑和合理的方式仔细利用砌块材料。

通常砌体结构墙很厚，实际尺寸必须符合建筑规划设计的要求。建筑物设计过程的初期，要考虑符合砌块尺寸的墙的形式、墙的厚度以及建造多层立砌墙或对孔砌筑等。

砌体结构墙通常作为屋盖和楼盖等其他结构构件的支撑使用。砌体中规划块材的模数必须与支撑系统中的砌块尺寸协调，如托梁和椽子的中心。

8.7　系统的整体性

良好的结构设计需要对建筑物的各个体系进行整体考虑，必须意识到结构设计对建筑设计的影响，以及对建筑物的动力、照明、热传递控制、通风、供水、废物处理、垂直运输和防火等方面存在潜在的影响。最受欢迎的结构体系是那些能适应建筑物其他子系统并且使用方便、建筑风格流行、结构构造处理良好的建筑结构。

砌体结构在与其他建筑设施构件相整合中会有一些较大的困难，如线路、管道和墙上的电源插座及开关、凹进的采光以及其他需要设置在墙内的设施。木或钢框架的空心结构为这些构件提供了便于施工的空间和容易的建造过程。处理这些问题可以采用各种技术，但对砌体结构实际上增加了一些额外的工作量。

8.8　经济性

计算建造费用是非常困难的，但又是结构设计必需的部分。对结构自身来说，费用的底线是结构完工移交的费用，通常每平方英尺的建筑以美元为单位来计价。对个别的结构，例如单片墙，也可以采用其他形式来计价。单个因素或构件费如材料、劳力、运输、安装、试验和检测的成本费，对于整个结构来说必须合在一起用一种计价单位。

但是，控制结构成本的设计仅是设计中的一方面，更有意义的费用应是针对整个建筑物的。结构施工方面节省成本可能导致建筑物其他部分成本增加。一个普通的例子是，多层建筑的楼盖结构，楼盖梁的有效性因梁的高跨比有较大的储备而提高，如果在不改变楼盖中顶棚结构、管道安装和照明器具所需尺寸之下增加梁的高度，意味着将增加两层楼盖间的距离以及建筑物的总高度才能满足要求，这将导致建筑外墙、内墙、电梯、管道、沟槽和楼梯等费用增加，结果是大大超出了梁成本的少量的节省。真正有效降低结构成本的方法通常只有一个，某些情况下主要节省非结构构件成本，即不影响结构有效性的情况下减少成本。

真实的成本只有参与并完成整个施工过程的人们才知道。成本的估价以建筑工程的实际提供的建造费或投标金额最可靠，成本估价量离实际交付使用时费用相差越远，估价的投机可能性越大。设计者，除非他们是真正为建造单位所雇用，预估的造价必须与同一地区最近完工的类似工程估计的费用为基础进行比较。这种估计必须根据当地市场、建造者与材料供应商之间的竞争，以及总的经济状况给予调整以适应最新的发展。然后，在四种最好的估价中选出一种作为最终估价。

严肃的成本估价需要大量的训练、丰富的经验和不断更新的可靠资源和信息，对于大的工程来说可以通过出版物或计算机检索到的资源为基础获得各种有用的信息。

为了获得整体成本的节省，以下是结构设计工作中的一些基本原则：

（1）减少材料用量通常是节省成本的一种方式。但必须注意到不同等级的单位价格。高质量的材料价格增长比例可能比它们表现的高压力值增长更高，便宜材料用量越多花费可能越少。

（2）使用标准的、有库存的产品通常可以节省成本，特殊尺寸和形状的产品价格可能更高。

（3）减少系统的复杂性通常是一种节省成本的方法。购买、处理和订单管理简化等，是建造者期待的低投标价的反映，采用最少数量的不同等级材料、配件的尺寸以及其他各种各样的材料，和将不同部位的处理降到最少一样重要。这在任何建筑工地的安装装配中都应该引起注意。大量不同规格的订单对于一个工厂可能不是问题，但是在工地上则可能造成问题。

（4）通常当材料、产品和建造方法是当地的建造者十分熟悉的，则可以减少成本。如果可能有替代产品可以选择时，选择"常用的"是最好的选择。

（5）不要估计成本因素，使用你和其他人积累的真实经验。价格会随着地区的不同、工程规模以及时间的流逝而变化。因此，应设法跟上价格信息变化的步伐。

（6）许多情况下，劳动力成本高于材料成本。12块左右的砖与单个混凝土砌块所提供的砌体体积相同，表示需要增加砌筑工人工作量，通常情况下使成本增加。减少施工现场劳力，通常比节约材料来降低总的建筑成本更有效。

（7）如果把建筑物作为投资，那么时间就是金钱。施工速度可能是一个主要考虑的问题。但是，如果建造的其他方面速度不快，建筑结构建造的速度再快也不能成为优势。钢框架通常可以快速建造，但当工程的其他部分进度追赶它时它只能站在那里生锈。

第 **9** 章

建 筑 结 构 设 计 实 例

本章列举了一些关于建筑结构体系的设计实例。为了说明不同结构构件的使用情况，选了许多不同情况的建筑物做例子。这一章主要关注的是整个结构体系的设计过程，以及考虑可能影响设计结果的许多因素。这些影响因素在本质上并不是结构方面的，但却对于建筑物最终的形式和构造却有着重要的影响。

建造整栋房屋不可能全部采用砌体材料，屋盖和楼盖，有时还有基础、柱以及非结构性墙体等，因此，有必要列出采用其他材料建造的结构构件。尽管这里只是简短地讨论这些构件的设计方法，但却有必要详细说明它们与砌体结构的关系。尽管地域的差异可能会导致结构材料，结构体系和构造措施的不同选择，实例中仍然选用了一般的常用构件。

砌体结构单个构件的设计主要是以前面章节中提到的材料为基础，为了节省篇幅，计算方法可以参照前面的叙述，因此，本章中的计算过程相对较少。

9.1 建筑 1

建筑 1 是由单层的箱形结构组成，主要是商业用途。图 9.1 所示为该建筑的平面图，其中承重外墙采用混凝土砌块，屋盖结构采用空腹钢桁架和跨越式压型钢板。假设设计参数如下：

屋顶活荷载：20psf（1.0kPa）（折减后的）

设计风压：20psf（1.0kPa）（假定值，按统一建筑规范方法 2）

混凝土砌块：重量中等，等级为 N 级，按 ANSI 标准 C90，砌体强度为

$$f'_m = 1350\text{psi}（9.3\text{MPa}），采用 S 型砂浆$$

图 9.1（c）所示为该建筑的剖面图，由一个低坡屋顶、平顶顶棚以及外墙上一段低矮女儿墙组成。图 9.1（d）所示为墙截面通常的构造形式。承受侧向荷载作用，其设计

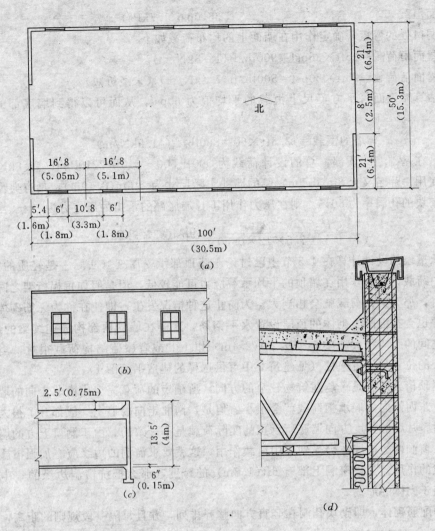

图 9.1 建筑 1

(a) 建筑平面图；(b) 局部正立面图；(c) 剖面图；(d) 局部详图

方法将在 9.3 节中讨论，这里首先考虑重力荷载的设计方法。

9.2 建筑 1：重力荷载的设计

砌体作为承重结构来支撑屋盖。关于屋顶构造的恒载，确定如下（见表8.1）：

三层油毡砾石屋顶	5.5psf(0.3kPa)
隔热填充泡沫混凝土，4in(0.1m)	10.0psf(0.5kPa)
压型钢板，20ga	2.0psf(0.1kPa)
空腹钢桁架，来自于供应商的目录	12.0psf(0.6kPa)
顶棚：木钉和块材	1.0psf(0.05kPa)
石膏墙	2.5psf(0.1kPa)
照明、管道等其他	3.0psf(0.14kPa)

总屋面恒载   36.0psf(1.7kPa)

忽略墙上洞口处的弯矩，确定作用在墙面上的均布荷载如下：

（1）屋面恒荷载＝25ft×36psf＝900lb/ft(13.3kN/m)。

（2）屋面活荷载＝25ft×20psf＝500lb/ft(7.4kN/m)（未经折减）。

（3）估算墙表面每平方英尺上恒载的平均值为60psf，从而可以得到墙底部的总荷载为

$$墙的恒载＝13.5ft×60＝800lb/ft(11.9kN/m)$$

因此，在基础墙的顶部，总的设计荷载为900＋500＋810＝2210lb/ft(32.8kN/m)。如果我们使用一片名义上8in(0.2m)厚的墙［实际尺寸为7.5in(0.19m)，具有典型性］，并且假定砌块的孔洞率为50%，则在压力作用下，墙底部的承担的压应力为

$$f_a = \frac{P}{A} = \frac{2210}{7.5 \times 12 \times 0.50} = 49\text{psi}(337.9\text{kPa})$$

关于承重墙的设计计算在4.5节中已讨论。墙顶部承受屋架（实际上是轻质的桁架）传来的集中荷载，尽管作用在墙顶的平均承载应力可能较低，但是假如每榀桁架之间的距离比较大时，那么集中荷载就会相当大。为防止这种情况发生，即使在称为无筋砌体的结构中，通常也会在混凝土砌体的顶层设置水平钢筋，这样在墙的顶部构成连续梁的形式。如果桁架之间的距离很大［中心距达8ft(2.4m)以上］或者屋盖结构荷载很重，当然也可能在桁架的位置处设置壁柱（见建筑2中可供选择的建造平面图1）。

由于屋顶桁架通常是跨越建筑物较窄的方向，所确定的荷载完全由南北走向的墙体承担，这样，东西走向的墙承担荷载就会很小。但是，南北走向的墙上一般都开了很大的窗洞，因此沿整片墙的长度方向墙底所承担的实际荷载是不一致的。由于洞口上方的墙跨越在洞口上，窗洞两边的墙体会受到集中荷载作用，这就要求窗洞的边缘应有加强措施以抵抗集中荷载的作用。如果窗洞上部有6ft(1.8m)的跨度，那么抵抗窗洞边缘的集中荷载部分还依赖于砌体的形式。

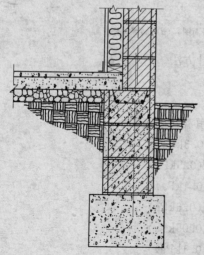

图 9.2 建筑1：砌体基础墙

如果是配筋砌体，即砌块孔洞在竖直方向整齐排列，并且每隔一段规则的距离，孔洞都由混凝土和钢筋填实，于是砌体墙的洞口上部的过梁将形成水平配筋砌体梁，洞口的两边将会形成为配筋砌体柱。如果采用的不是配筋砌体结构，最普通的方法是在洞口上部使用钢过梁，或者采用现浇或预制混凝土过梁也都可以与砌块排列构成整体。

如图9.2的截面为所用的低矮基础墙和支撑墙的基础。如果采用如图9.2中所示的混凝土砌块墙，通常建造墙的情况为，墙体顶部的砌块孔洞中布置水平钢筋并用混凝土填实。假定荷载情况如图9.3所示的情况，这样该墙通常是用来将重力荷载均匀的传到基础上。这样，当墙跨过洞口时，墙体顶部的钢筋将有助于抵抗出现的拉力。

低矮基础墙也可以采用现浇混凝土的形式，如

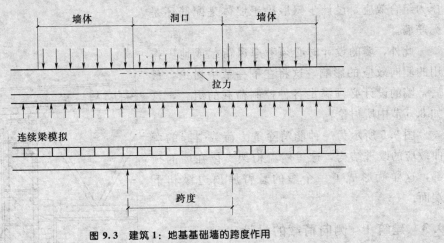

图 9.3 建筑 1：地基基础墙的跨度作用

图9.4（b）所示。或者，通常由于基础墙和基础会形成地基梁这样的单独构件，如图9.4（a）所示，从而解决了基础的抗冻问题。其他的因素，例如土壤状况、屋面排水系统、建筑物地下空间的利用以及建筑物场地规划等，都可能成为影响建筑物理想形式的因素。

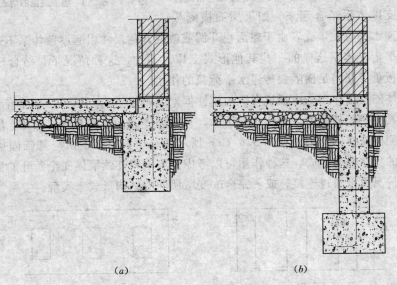

(a) (b)

图 9.4 建筑 1：现浇混凝土基础的选择

如果如图9.2或图9.4（b）所示那样使用独立基础，可以根据不同的参考资料（如参考文献6、11、13、14），从基础的初步设计表格中选择出理想的基础形式。在这个例子中，建造采用轻质屋盖，所以一个很窄的独立基础就足够，由于它在支撑墙的边缘仅伸出几英寸，采用不配横向钢筋的基础建造也是可能的。

设计墙体时主要考虑的问题是，屋面荷载以何种方式传给墙。如果设有女儿墙，且桁架支撑如图9.1（d）所示情况，这时屋盖的重力荷载不通过墙的形心轴线传给墙体，由于偏心而在墙中产生弯矩。这样就如 A.5 节所讨论的情况，墙的设计必须考虑到弯矩和压力组合效应。设计步骤取决于墙体是配筋还是无筋墙。

　　此外，墙的设计时必须考虑风荷载或地震作用的侧向效应的影响，这将在下一节中讨论。最后，墙的设计必须满足各种控制荷载的组合，这如8.5节中所讨论。

　　图9.5所示为一种能消除重力荷载引起的弯曲效应的改进结构，这里屋盖桁架支撑在墙的顶部，这样就形成了一个短的悬臂屋顶边缘和下端面。

9.3　建筑1：侧向荷载的设计

　　抵抗风荷载或地震作用效应的设计最初的考虑主要是侧向支撑体系的基本形式。对于这种仅由围护墙结构和平屋顶组成的建筑，最简单的体系是使用屋盖平面作为横隔板，并且与围护墙体构成的竖向支撑体系结合起来。如果屋面横隔板

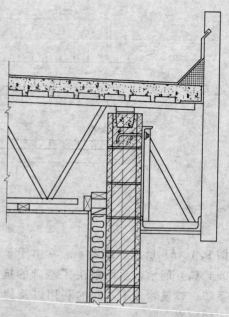

图9.5　建筑1：屋盖边缘的可选择的构造

不能完全传递水平荷载，或者由于屋面板开洞或改变几何尺寸引起屋盖体系不连续，就必须采用如水平桁架体系这样的一些其他形式支撑。不过，这种情况下，结合建筑物的尺寸，压型钢板更可能满足横隔板传递水平荷载的作用。

　　围护墙体的支撑作用是由抵抗弯矩的刚性框架或桁架组成。不过，这种情况下，砌体结构墙体已具有足够的能力。如图9.6所示，只要墙体的构造有充分的保证，墙体自身平面也能起到侧向支撑的作用。在图9.6（a）所示的墙中，整片墙由与基础固接的竖向悬臂构件类似的独立墩墙组成，这种作用可以考虑为窗洞将连续墙体完全断开的情况。砌体结构中这种情况可以通过连接，或者完全改变墩墙间的结构形式来实现。

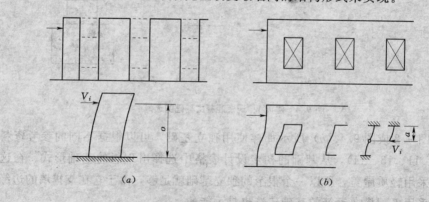

图9.6　建筑1：砌体剪力墙的作用
（a）独立的墩墙相互联系作为墙体；（b）连续墙

　　图9.6（b）所示为墙体抵抗侧向力作用的另一种形式，该墙本质上是连续的刚性抗

弯框架，可以将窗洞上方或下方，高度较大且连续的砌体结构带，视为不发生弯曲的刚性构件，将窗洞之间的墩墙视为顶部和底部固定的柱。如果墙体是配筋砌体结构，并且窗洞的上方和下方的砌体很高，对墙的抗弯作用这个假定合理。

对于图 9.6（a）所示的独立墩墙，可以将单个墙体设计成独立的无支撑剪力墙。考虑内容如下：

（1）墙的水平剪力。单位剪应力可由水平力除以墙的水平横截面获得，如果容许应力（或极限设计强度）已知，那么砌体的材料等级，构造措施，墙体必需的配筋量都得到了。

（2）墙的抗弯（悬臂梁作用）。墙的抗弯取决于墙体的形式和构造，弯矩可以由整片墙，或者由两个相反的墙端（类似于 I 形梁的翼缘）来抵抗。这种情况在混凝土砌块的配筋砌体结构中，通常考虑为墙体的两个假设端柱的抗压和抗拉作用。

（3）抗倾覆作用（基底的转动）墙的锚固。基础的计算如图 9.7 所示，采用合适的安全系数以确保总抵抗力大于倾覆作用，见 4.8 节中的讨论。

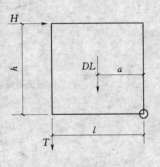

图 9.7　悬臂剪力墙的稳定分析

（4）作用力的传递。必须包括采取足够的构造措施，确保作用力从屋盖横隔板传递到窗间墙，再从窗间墙传递到支撑结构。屋架固定在墙上，保证力从屋盖传递到墙。通常基础内设置竖向钢筋销钉［见图 9.2 或图 9.4（b）］，形成基底必需的拉结作用（见图 9.7 中的 T）。

对于任意形式的结构来说，一旦选择了某种结构形式，最小容许应力将确定其基本承载力。对于砌体结构，规范将会对砌块的选用、砂浆等级以及构造措施等方面提出最低要求。对于一般砌体结的工程应用中，规格合适的建筑结构，其承载力将不会低于最低规定。这样，不需要任何额外的措施就能保证结构的正常工作。如图 9.1 所示，如果严格按照规范标准建造，并有合适的构造措施，无论配筋或不配筋砌体结构都能够满足规范的要求，而无需任何额外处理措施。

砌体结构剪力墙通常自重很大，因此许多墙都有足够的恒载来抵消剪力墙的倾覆作用（见图 9.7）。因此，可以不需要靠基础的销栓和拉结来抵抗侧向力。

图 9.8 所示为建筑 1 中，水平风荷载作用下需要考虑的基本因素。必须考虑风荷载对屋盖结构的上提作用，但图 9.8 所示情况，将屋面板设计成水平横隔板，仅由围护墙体支撑来抵抗侧向荷载作用。

抵抗直接风荷载作用时，墙作为水平支撑构件发挥作用，如图 9.8 所示，风荷载分别以两种形式作用于墙面上，墙的跨度为楼面到屋面的距离。如果建筑物如图 9.1（d）所示那样，屋盖边缘的墙是连续的，墙将按悬臂梁的末端发挥作用（情况 1）。而如果如图 9.4 所示那样建造，屋盖结构相邻处设有女儿墙，墙体的跨度仅仅在楼面和屋面之间（情况 2）。

图 9.8（a）所示的任何一个情况，墙上的风荷载一部分将会直接作用到楼板的边缘，而不会传递给屋盖横隔板。这样，计算作用于屋盖和剪力墙的风荷载如图 9.8（b）所示（东西方向的风）或如图 9.8（c）所示（南北方向的风）两种情况。

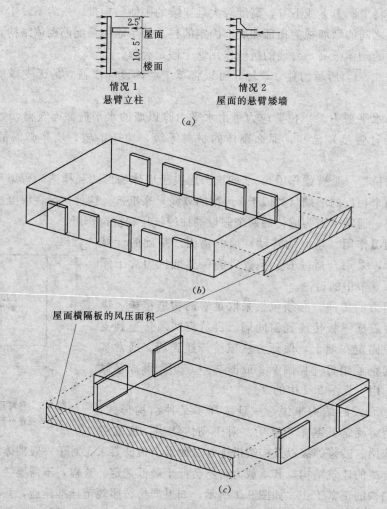

图 9.8　对于风荷载的考虑
(*a*) 墙的抗风功能；(*b*) 东-西体系；(*c*) 南-北体系

　　墙跨的作用 ［见图 9.8 (*a*)］将会使墙产生弯曲变形，弯曲必须和所需的重力荷载作用结合考虑。对于墙体高度较大或风荷载较大这两种情况单独或共同存在时，都可能成为墙体设计的控制的因素。风荷载作用引起的弯矩可能会与重力荷载引起的弯矩叠加作用（如 A.5 节所讨论的），因此需要增强构件的抗弯承载力。

　　考虑风荷载作用于北墙和南墙上，并假设墙的作用如图 9.8 (*a*) 所示的第二个例子，则传递给屋盖边缘的风荷载为

$$20\mathrm{psf} \times \frac{10.5}{2} + 20\mathrm{psf} \times 2.5 = 155\mathrm{lb/ft}\ (2.3\mathrm{kN/m})$$

　　为了抵抗荷载，屋盖作用如同大跨度构件，支撑在东西两端的剪力墙上。如果简支梁的跨度为 100ft(30.0m)，如图 9.9 所示，则屋面横隔板承受由此产生的剪力（钢板中）以及弯曲（框架边缘构件中的压力或拉力）。每端产生作用力的大小为 7.75kip(34.5kN)，

相当于侧向荷载作用在两端墙上，然后又按照其中各个独立墙段的相对刚度比传递给各窗间墙，由此可得出墙两边各片独立的窗间墙的荷载，如图 9.10 所示。这里假定独立窗间墙的作用形式，如图 9.1 (*d*)、(*e*) 所示。

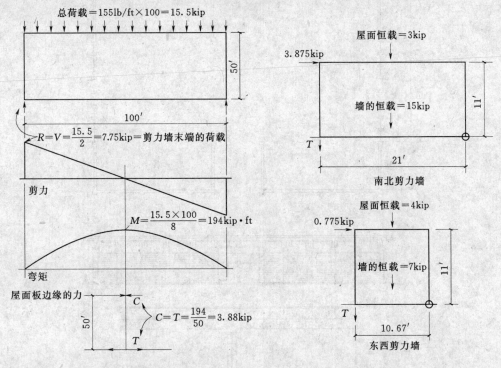

图 9.9 建筑 1：屋盖隔板的作用　　　图 9.10 建筑 1：剪力墙的稳定分析

建筑 1 中所用的许多结构体系和构件，其承载力出规范或者构件的生产商决定。这样设计大体上能满足各种荷载要求，只要计算荷载与可用构件承载力相符。这由计算机辅助设计可以很容易地完成，常用体系的计算也可以从各种结构计算手册和供应商的小册子中获得。

9.4 建筑 2：可供选择的方案 1

图 9.11 所示为一个小型单层结构的图书馆建筑物的常见形式和构造。设计的一个主要特征是使用了暴露在室外的屋面和墙的结构构件，外墙的实心部分由混凝土砌块砌筑并作为建筑的外表面。大跨屋盖结构由很大的预制预应力混凝土 T 形梁构成，可以看见 T 形梁的下部。

T 形梁的屋盖由砌体柱支撑，并与砌体墙结成整体。屋面结构在每个方向都挑出周围结构 4ft，形成一个悬臂构件。

在温和的气候条件下，可以直接采用砌体墙面作为外表面，无论外墙和内墙都无需饰面层。然而，这只用于一些特殊用途（停车场、仓库，等等），其他情况这样建造并不理想。砌体内墙表面的使用比较复杂，常常要安装电线和固定插座。此外，实心砌体结构隔热性能不是很好，因此需要特殊的隔热保温的砌体形式。

为了满足不同的用途，会在墙体内部孔隙固定一个用木头或金属条（如螺栓）做成的

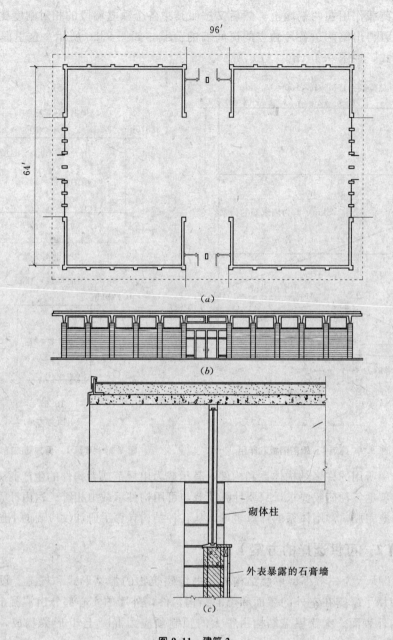

图 9.11 建筑 2
(*a*) 平面图；(*b*) 立面图；(*c*) 外部墙体的详图

附加物，墙表面再用干石膏或其他材料覆盖。孔洞构造如图 9.11 所示。这些孔洞的空间可能会很小，但构造显示在孔隙中有较大的空间容纳较多的絮状的隔热物质。

为了给墙提供隔热作用，另外两种可供选择的方案如图 9.12 所示。图 9.12 (*a*) 所示为一个固定在墙内的层状构造。它由厚的片状泡沫塑料构成，塑料的隔热层表面贴着干石膏。建造的方法应该遵循建筑规范和供应商的使用指南，隔热层和表面层可能会完全粘贴或机械连接在砌体表面，这些材料极易获得。这种墙体结构中布设电线并不容易，但这是一种快速和经济的安装体系。

图 9.12 (b) 所示的是另外一种专门的墙体结构，外墙表面采用分层安装。尽管最外面层是丙烯酸塑料，但这通常用来模拟灰浆的外观形式。这种墙体结构的一个优点是大块的砌体结构维持在一个比较温和的温度，并且能作为一种热惰性材料发挥作用，有助于保持内部温度。

图 9.11 所示为采用混凝土砌块的配筋砌体结构。柱采用标准砌块构成 16in 的正方壁柱，内墙上有部分外露，还使用了带贴条的构造。尽管屋盖的恒载相当大，但这些柱承受重力荷载已足够。关于这些柱的设计见 4.10 节讨论。

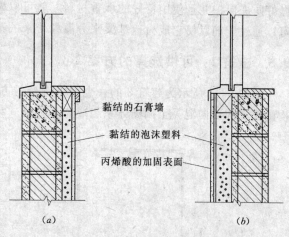

黏结的石膏墙
黏结的泡沫塑料
丙烯酸的加固表面

(a)　　　　　(b)

图 9.12　建筑 2：黏着隔热泡沫的外墙的可供选择的方案

柱顶部 T 形支撑块由锚固在 T 形块上的钢构件和锚固在柱中的钢板共同实现。

为了抵抗侧向荷载，T 形块相邻边相互连接使屋盖体系形成水平横隔板。若在各个方向有一定数量的墙体，如果所有的墙都能发挥作用，外墙和柱将会形成剪力墙。配筋砌体结构一般都能满足这种单层建筑的需要。

柱顶部的侧向剪力是一个控制性因素，尤其是地震荷载起控制作用时，必须应用间距较小的拉结筋来加强并一直延伸到墙顶。

由于屋盖很重，与外墙的相比柱上承受的重力荷载较大。这样就必须考虑采用图 9.13 (a) 所示的柱下方形基础的形式，墙下基础的最小宽度介于柱下基础最小宽度之间。然而，如果这些柱距较小，就很有可能使用宽度一致的基础，如图 9.13 (b) 所示。

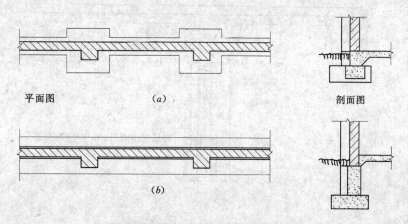

平面图　　　　(a)　　　　　　剖面图

(b)

图 9.13　建筑 2：墙基础可供选择的方案

虽然连续宽度的基础有时需要增加一些混凝土和钢筋，但连续宽度的基础施工过程工艺简单,经济效益好而广泛应用。另一个要考虑的因素是,基础在地下的埋置深度。如果做好防冻保护并且使用良好的承重材料,就可以采用如图 9.13(b)所示的地下墙体,也可以通过配筋以使它成为地基梁来分散柱传来的荷载。

9.5 建筑 2:可供选择的方案 2

如图 9.14 所示为建筑 2 的一个可供选择的方案,砌体墙和柱被保护起来,而屋盖结构由现浇的双向混凝土搁栅体系组成,称为格式结构。格式结构由很多的图案形成,也可

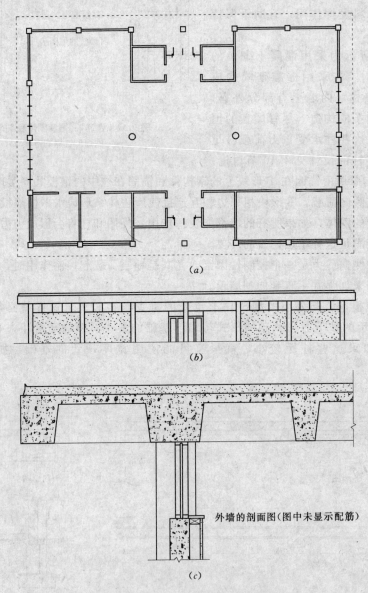

(a)

(b)

外墙的剖面图(图中未显示配筋)

(c)

图 9.14 建筑 2:格式结构可选择的方案
(a)平面图;(b)立面图;(c)墙和屋盖剖面细部构造

按常规体系进行设计；这里所示的形式是由普通使用的薄钢板形成的"平板"（就像底朝上的餐盘）的格式结构。这些"平板"作为十字交叉列放置，平板之间的空间构成格式结构的肋。

图 9.14 所示的格式结构使用了一个宽度为 30in(0.75m) 的平板和一个宽为 6in(0.15m) 的肋，形成了一个 3ft(0.9m) 的平面栅格。这与通常使用的模数为 8in(0.2m) 的混凝土砌块不能很好地匹配，因此，混凝土和砌体结构体系的连接必须进行一些调整。通常的调整方法是，外墙柱和窗上部使用加宽的肋，另一个是调整被门和窗截断的混凝土砌块的模数。

图 9.15 所示为格式结构体系中的部分投影平面图（就像向下看地板上的镜子）。由于内柱的剪力和弯矩较集中，在这个部位建造一个扩大范围的结实的厚板群。如图 9.15 所示的实心构件形式，常用的推荐使用尺寸大约为格式平板跨度的 1/3。

这种平面图使用的外墙的柱很少，每根柱所承受的重力荷载和侧向荷载很大，因此设计柱尺寸时必须考虑横向剪力和荷载的组合作用。

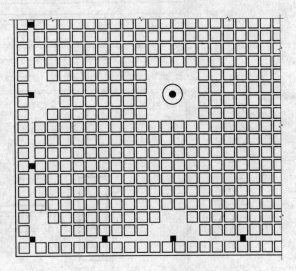

图 9.15　建筑 2：格式体系的投影平面

如图所示内柱的平面投影为圆形，可以采用混凝土柱，然而，在这个部位采用砌体柱或钢柱也是可能的。内柱主要承受重力荷载，因此主要考虑格式结构中构件的连接传递的轴向压力。

由于外柱间距大，因此荷载也较大，基础平面图可能如图 9.13（*a*）所示。

9.6　建筑 3

建筑 3 是一栋 3 层的办公建筑，为商业租用而设计。相对于建筑 1 和建筑 2，这里有许多可供选择的建筑结构形式，尽管时间、地点都可以变化，但建筑物的基本结构形式变化不会太多。这里我们将展示设计两种砌体结构墙的选择方案。

1. 建筑设计的一般考虑

图 9.16 提供了建筑 3 的楼盖结构平面和整个建筑的剖面图。假设这幢建筑物要求在外墙上开大量的窗户，但要避免破坏实心墙外表面。另一个假设建筑物是独立的，每个侧面都有较好的视线。对于永久的建筑物，大多数设计者更喜欢给商业租赁者提供尽可能多的空间，且还要求空间安排有较大的灵活性，因而要求使用空间内减少设置永久性的结构构件（柱或承重墙），其他构件例如楼梯、电梯、休息室以及管道井的位置都放在建筑物的周边。

以下是结构设计时应该遵守内容：

建筑规范：1988 年版 UBC（参考文献 1）

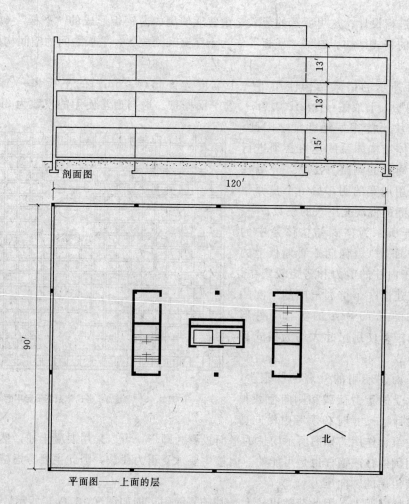

图 9.16　建筑 3

活荷载：

　　屋面：见表 8.2（UBC 中表 23 - C）

　　楼面：见表 8.3（UBC 中表 23 - A）

　　公共面积：50psf(2.39kPa)

　　走廊和大厅：100psf(4.79kPa)

　　隔断：20psf(0.96kPa)（UBC 中最小值，见 2304 节）

风荷载：地面风速，80mph(129km/h)；B 类地区

假定构造荷载：

　　楼面：5psf(0.24kPa)

　　顶棚、照明、管道：15psf(0.72kPa)

　　墙（平均表面重量）：

　　内墙，永久荷载：10psf(0.48kPa)

　　外部幕墙：15psf(0.72kPa)

2. 可供选择的结构平面图

建筑平面如图所示，30ft（9.0m）的建筑开间和宽敞的内部空间，对于钢结构或钢筋混凝土结构，是比较理想的梁柱体系布置。如果对基本平面做一些修改，也许其他的结构体系更有效。但这些改变也许会影响建筑核心的规划，柱位的平面尺寸设计，外墙的视线角度，或者是建筑物的各层之间的竖向距离。

结构体系的总体形状和基本类型的考虑必须与重力荷载以及侧向力的作用相关，考虑重力荷载的传递，形成屋盖和楼盖结构的水平跨越结构，应布置竖向构件（墙和柱）来提供支撑，竖向构件应该重叠因此，需要不同标高处的平面协调设计。

最常见的侧向支撑体系有以下几种（见图9.17）。

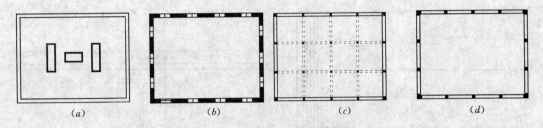

(a)   *(b)*   *(c)*   *(d)*

图 9.17 建筑3：侧向支撑体系可选择的平面图
(a) 核心剪力墙体系；*(b)* 外部剪力墙体系；*(c)* 完全刚性框架体系；*(d)* 外部刚性框架体系

（1）核心剪力墙体系 ［见图9.17*(a)*］。它由实心墙形成一个刚度很大的中部核心结构，这个结构的其余部分依赖于在这个刚性的核心结构，而外墙，位于核心结构外的屋盖和楼盖可以不考虑承受侧向荷载。

（2）桁架支撑型核心体系。本质上与剪力墙支撑的核心结构相似，并且在布局也相似的。实心墙将被采用的各种可能的桁架形式中的桁架或框架代替（在竖向弯曲方向）。

（3）外部剪力墙体系 ［见图9.17 *(b)*］。本质上使建筑物形成一个筒状结构。因为门和窗必须设置在外墙，外部剪力墙通常由相互连接的一系列独立墙体组成（有时称为窗间墙）。

（4）内外混合的剪力墙体系。本质上是一个核心筒和外部剪力墙体系的结合。

（5）完全刚性框架体系 ［见图9.17 *(c)*］。通过在各个方向上使用竖向的柱和梁作为系列刚性排架，因此，在一个方向有4个排架做支撑，在另一个方向有5个排架做支撑，这一切需要梁柱连接能抵抗弯矩。

（6）外部刚性框架体系 ［见图9.17 *(d)*］。在外墙仅仅通过使用柱和梁来组成，每个方向上仅有两个支撑排架。

在严格情况下，这些体系中的任何一个都是可以接受的。从结构设计和建筑设计的观点来看，每种体系都有优点和缺点。过去核心支撑平面很受欢迎，特别是风荷载起主导作用的建筑。建筑外墙设计上核心体系有更大的自由度，这是建筑师最关心的问题。但是，外部剪力墙结构能产生最大的抗扭转刚度，对抗震非常有利。

刚性框架体系，平面允许自由的内部设计以及墙面上最大数量的开洞。但是必须维持排架的整体性，从而限制了柱的位置以及楼梯、电梯和管道井的设计，以便不扰乱梁柱任何轴线。如果考虑侧向力，柱子截面有可能很大，这样给建筑平面图造成更多麻烦。

9.7 建筑3：砌体结构设计

图9.18所示为建筑3的上部一层楼盖结构平面图，该平面图表明，承重墙是楼盖结构的主要支撑，而外部和核心支撑体系的结合使墙构成抗侧向支撑体系。楼盖结构有很多种设计的选择，取决于防火规范规定及当地供应商的竞价。办公建筑设计应考虑包括电线、水管、供热、制冷、通风荷载、消防喷头和照明等配件的构造。我们将综合考虑系统的方方面面，来满足由胶合板、轻质螺钉连接的托架或桁架以及钢梁等组成的体系，正如图9.19所示的那样。

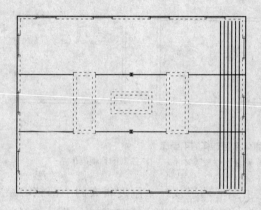

图 9.18 建筑3：砌体结构墙的框架平面图

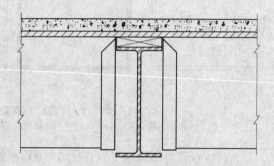

图 9.19 建筑3：钢梁、夹板、木托梁和
混凝土面层的楼盖结构构造

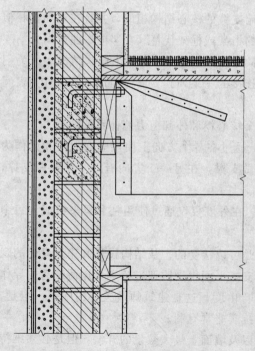

图 9.20 建筑3：有外部隔热体系的外墙构造

图9.20所示为一般外墙的构造，表明了配筋混凝土砌体的使用，外表面使用了隔热材料，内表面用贴条状石膏干墙。剩下需讨论的主要内容是砌体结构墙体的设计。

重力荷载的设计相对简单。有两个主要考虑的因素：墙的基本承载力和支撑梁传来的集中荷载。墙中的重力荷载在一层（底层）最大，因此，砌体结构必须满足重力荷载承载力。对于配筋混凝土砌体结构必须满足规范的最小构造要求，尤其需要墙设计长度每隔4ft，至少有一个墙的孔洞由混凝土和钢筋填实。由于空洞一般为8ft见方，这意味着至少每隔第6个孔洞，就要配筋填实一个孔洞。通过填实另外的孔洞并且通过使用规定的最小钢筋，则可能提高砌体墙的强度。

对于三层的无筋砌体结构，通常可行的方法也可能采用改变墙体的厚度，所有层使用相同的墙厚，在顶层按照规范的最低构造建造，在下层可以采用增加钢筋来提高强度。

如图 9.18 所示结构平面图，内部钢梁及外墙的过梁，在墙的末端或墙的转角应考虑支撑，这些部位有可能提供需要的集中强度，因此自动成为建筑物中需要加强的位置。不过，如果结构需要，也有可能在这些位置增加砌体构件的尺寸（如壁柱）。

抗侧向力设计

砌体墙必须与水平屋盖及楼盖的横隔板结合，共同抵抗侧向荷载作用。最关键的墙体设计必须考虑重力和侧向荷载的组合效应。利用前面已有的标准和 1988 年版 UBC（参考文献 1），首先考虑风荷载的效应。

设计中考虑风荷载和地震作用时，最常见的是对结构的一部分进行风荷载和地震效应的设计。实际上，有必要对两种效应进行分析，然后考虑各种荷载产生的最大效应发生在不同构件中的情况，进行结构构件的设计。因此，剪力墙的设计主要考虑地震作用效应，外墙和窗的设计主要考虑风荷载效应，依此类推。

对于风荷载，由规范确定设计风压为

$$p = C_e C_q q_s I$$

上式中，C_e 是个综合影响系数，需综合考虑地面上的高度、地貌以及阵风情况。由 UBC 中的表 23-G，假定此时情况为 B，则有

$$C_e = 0.7 \text{ 建筑物高度在地面上 } 0\sim20\text{ft}(0\sim6\text{m})$$
$$= 0.8 \text{ 建筑物高度在地面上 } 20\sim40\text{ft}(6\sim12\text{m})$$
$$= 1.0 \text{ 建筑物高度在地面上 } 40\sim60\text{ft}(12\sim18\text{m})$$

C_q 是风压系数，使用投影面积法（方法 2），由 UBC 中表 23-G 获得下列内容。

在竖向投影面上：

$$C_q = 1.3 \text{ 建筑物高度不大于 } 40\text{ft}(12\text{m})$$
$$= 1.4 \text{ 建筑物高度大于 } 40\text{ft}(12\text{m})$$

在水平投影面上（屋盖表面）：

$$C_q = 0.7 \quad \text{向上}$$

q_s 是风荷载在标准高度为 30ft(9m) 时测得的静止风压。根据 UBC 中表 23-F，对于风速为 80mph 的风荷载，C_q 的值为 17psf（0.8kPa）。

对于重要性系数 I（见 UBC 中的表 23-K），这里取 1.0。

表 9.1 概括了前面建筑 2 考虑在各种高度地区的风荷载数据。对于建筑物上作用的

表 9.1			建筑 2 的设计风荷载
相邻楼面平均水平之上的高度 [ft(m)]	C_e	C_q	压力 $p^{①}$ [psf(kPa)]
0~20 (0~6)	0.7	1.3	15.47 (0.74)
20~40 (6~12)	0.8	1.3	17.68 (0.85)
40~60 (12~18)	1.0	1.4	23.80 (1.14)

① 竖向投影面上的直接水平压力：$p = C_e \times C_q \times 17\text{psf}$。

水平风荷载的分析，如图 9.21 所示那样，建筑物的风荷载转变成作用于楼盖和屋盖高度的集中荷载，传递给水平横隔板（屋盖和楼盖）。

提示　图 9.21 中，我们已经完成了由表 9.1 所得的风荷载值。

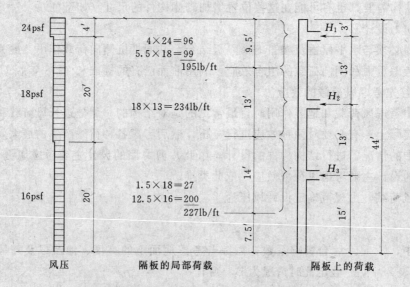

图 9.21　建筑 3：屋面和地面隔板上的风荷载的形成

图 9.22（a）所示为一个建筑平面图，表示出砌体墙可作为抵抗南北方向侧向力的剪力墙。平面图中的数字是墙的近似长度。注意到核心结构实际上是竖向筒状构件，仅仅考虑由与风荷载方向平行的墙所形成。图 9.22 中所示的墙将承受由屋盖、第三层和第二层横隔板传来总的风荷载（分别为 H_1、H_2、H_3，见图 9.21）。假设建筑物东西方向总宽为 122ft（36.6m）建筑上，则三个楼层的力为

$$H_1 = 195 \times 122 = 23790 \text{lb}(106 \text{kN})$$
$$H_2 = 234 \times 122 = 28548 \text{lb}(127 \text{kN})$$
$$H_3 = 227 \times 122 = 27694 \text{lb}(123 \text{kN})$$

并且剪力墙的底部的总风力为这些荷载的总和，即为 80032lb(356kN)。

尽管分配给砌体墙的荷载通常是以更加复杂的相对刚度分析为基础进行的，假设墙上的弯矩是由墙的刚度与墙平面长度成比例（如完成的胶合板墙），由墙底的最大剪力除以整片墙的平面长度，从而得到最大剪应力的近似值，即最大剪应力为

$$v = \frac{80032}{260} = 308 \text{lb/ft}(4.49 \text{kN/m}) \text{（沿墙长）}$$

对于配筋砌体结构的墙，这是一个很小的力，若仅仅考虑风荷载作用剪力墙会有很多的富余。

由于侧向力在墙与墙之间并不是均匀分配的，所有墙中的剪应力并不完全相等。我们通过考虑水平横隔板（屋盖和楼盖）的相对刚度的两种极限情况，可以想象出总侧向力在墙体上的分配。

首先，如果水平横隔板刚度无穷大，那么分配到单片墙的力将直接与墙体的相对刚度

成正比。这种分配方法在 4.8 节中已有讨论，采用来自于附录 C 表格中的分配系数。其次，如果水平隔板是柔性的，那么，分配到剪力墙上的力将基本上按照周边分配来考虑荷载。

图 9.22（b）所示为建筑平面的南北方向有剪力墙，且荷载按照柔性水平隔板的周边分解。在这个基础上，每端剪力墙承担总剪力的 1/4，而核心剪力墙承担总剪力的 3/4。按照这个方法，下一步将考虑各组墙（两端的墙和核心墙）中荷载在每个段墙上的分配。

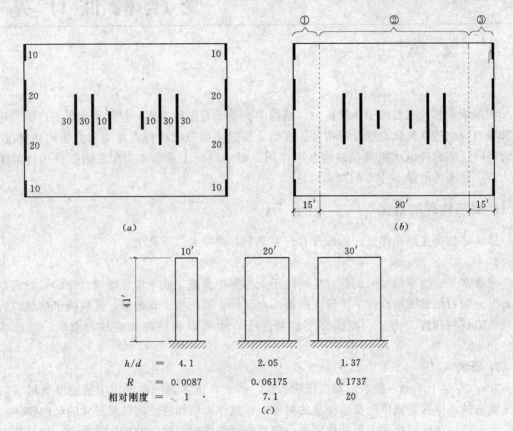

图 9.22　建筑 3：对于南北剪力墙上侧向荷载的分配

图 9.22（c）显示，墙平面长度分别为 10ft(3m)、20ft(6m) 和 30ft(9m)，考虑到各墙段高度与墙高之比，图中给出了三个墙段的相对刚度。使用附录 C 中的刚度系数，对各个墙体的相对刚度进行比较，得出墙长为 10ft(3m) 的墙与较长墙的相对刚度相比时，其墙中的组合效应可以忽略不计。

提示　按照规范规定的最低构造要求，建筑物应具有足够的能力抵抗重力和风荷载的作用。设计中需特别注意确保水平隔板与剪力墙的充分锚固连接，并且基础必须具有足够抵抗剪力墙滑移和倾覆的能力。

关于建筑物在地震作用下的计算，很可能出现更多值得关注的问题。砌体结构的重量和相对刚度都会使得高危地震区的地震作用增大，因此地震效应成为主要的控制因素。

附录 A

受 压 构 件 计 算

砌体结构构件主要用于承受压力。结构中的受压有多种方式，包括承受弯矩产生的压力和剪力产生的斜向压力的受压构件。这部分我们主要考虑构件直接受压力作用的情况，尽管有时这些构件也承担其他结构方面作用。对于混凝土或砌体中配筋的复合构件的情况，将在后面的附录 B 中专门加以讨论。

A. 1　受压构件的类型

建筑结构中主要用作受压的构件有许多类型，主要有以下几类。

1. 柱

柱通常是直线形的竖向构件，主要用于支撑集中荷载，或不需要墙做支撑的开放式空间情况。相对细长度可以在一个较大的范围内变化，有的粗、有的细，这取决于荷载的大小或柱的材料和施工方法。在很多不同情况下，也可以将柱称为立柱、墙墩、基座或支柱。

2. 墙墩

"墙墩"这个术语一般表示相对较粗的柱。然而，该术语一般也用于描述厚重结实的桥支撑构件，即深基础中挖掘后浇筑的构件，以及作为墙和柱之间过渡形式的竖向砌体构件。所有的这些构件通常主要抵抗压力，但是也可能需要它们同时抵抗其他力，如抵抗弯矩、侧向剪力或上提力。

3. 承重墙

当墙被用作支撑构件并承受竖向压力时，称其为承重墙。如果它们用于内墙，它们的结构功能比较单一，与柱子的作用相似。但如果作为外墙，常常设计来抵抗由风或土压力引起的侧向的弯曲，以及类似于剪力墙，抵抗墙平面内的剪力作用。

A. 2　粗短受压构件

通常与长细比有关的轴向受压承载力如图 A. 1 所示，极限的情况下，非常粗的构件（不是细长的，通常称为短柱）其基本的破坏形式为材料压碎破坏，长细比较大的构件由于屈曲而发生突然失效。桥墩和墙墩是典型的短柱构件，但是一定范围的柱或桁架构件有时也发生这种破坏。

当主要承受轴向的压力时，短的受压构件中的承载力将直接与材料的用量及材料抗压强度成正比，如图 A.1 的区域 1。压碎的极限值可能由柱类型的作用确定，一般也包括作用于构件全部横截面上均布压力。然而，墙墩和桥墩上有时也会出现，压力荷载以一个较大的集中应力作用于整个构件的部分截面上，这种情况下，极限荷载值可能由受压承载力确定，而不是由构件的柱作用确定。

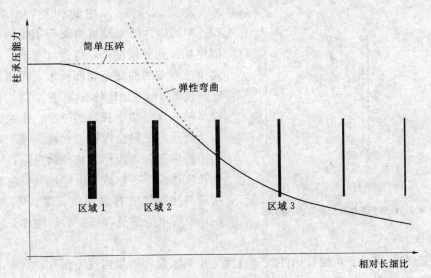

图 A.1　相对细长柱的承压能力

A.3　细长受压构件

受压的细长的构件趋向于屈曲，如图 A.1 的区域 3 的情况。屈曲是与受压成一定角度方向上，突然侧向偏移产生的变形。如果某位置将构件固定不动，屈曲可能会减小构件的压力效果，并且当卸掉压力时，构件可能会弹回到原来的形状。如果压力不卸掉，由于极大的弯矩作用构件会很快破坏。因此，细长的构件容易屈曲的根本原因是其不能抵抗较大的弯曲。

描述弹性弯曲的经典方法是欧拉曲线，公式如下：

$$P = \frac{\pi^2 EI}{L^2}$$

图 A.1 表示了这种二次曲线一种边界条件。从欧拉曲线的公式的形式来看，应该注意到这个公式的适用范围是纯弹性弯曲的情况：

（1）与构件材料的刚度成正比，由 E 表示，E 指直接受应力材料的弹性模量。

（2）与构件的弯曲刚度成正比，由构件横截面的截面惯性矩 I 表示。

（3）与构件的长度成反比，或者说与构件长度的平方成反比，此例中的长度表示构件本身的长细比。

压碎与屈曲这两种基本的极限反应机理在本质上完全不同，与不同的构件材料特性和构件的形状有关。由图 A.1 中的直线表示的压碎极限，在超过构件长度影响的范围压碎极限是个定值，而弯曲荷载在超过构件长度影响的范围内是变化的，该长度对于短长度构件趋于无限长（实际上已不影响结果），而对于特长构件其值趋于零。

约束会影响屈曲变形，如能有效阻止侧向挠曲的侧向支撑，或者末端连接可约束挠曲为单一曲率模式的转动。图 A.2 表示了欧拉公式反应的一般情况，这种形式的反应可由如图 A.2（b）所示的侧向约束来代替，从而产生一种多模式的侧向挠曲反应。图 A.2（b）所示的例子中，弯曲变形的形式可以看出，其变形的长度减少到为柱高度的一半。

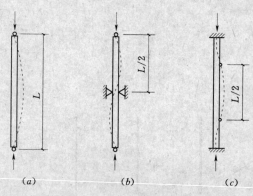

与图 A.2（a）中的构件相比，图 A.2（c）中的构件的末端被约束而不能转动，称为固定端。这种情况下，挠曲（变形）的形状是两个反弯点的曲线，如图所示，曲线的反弯点在高度的 1/4 处出现；这样发生简单自由弯曲变形的长度是整个长度的一半。建筑结构中图 A.2 所示的三种情况都会出现，基于是否出现约束的情况来评价结构构件的反应，可以对构件长度作出一些修改。限定构件反应的一个方法是利用构件的有效屈曲长度。图 A.2（b）、（c）中所示的例子，修正后的构件长度是实际长度的一半。

图 A.2　柱端约束条件对柱弯曲的影响

不受荷载的情况下，细长构件的竖直度是控制因素，如果构件不很直，实际上可能会因为初始弯曲的存在，即使较小荷载的情况下也会出现变形。由于其他荷载引起的弯曲也可能出现变形（见 A.5 节和 A.6 节）。

对于非常细长的构件，最终决定性因素是荷载的相对动力特性。屈曲是一种基本的动力反应，常引起突然倒塌，对建筑结构这是一种不合理的破坏模式，并非任何破坏模式都是合理的，总还是存在一种结构特性好于另外一些结构的情况。脆性破坏和屈曲的特性就不如缓慢的延性屈服或多阶段的反应。实际上，如果施加荷载的速度缓慢些，可以及时察觉屈曲的倾向并采取补救措施（提供支撑或卸掉荷载）。然而，如果施加荷载的速度很快，很可能在没有任何征兆的情况下突然发生屈曲破坏。真正的动力荷载通常出现的时间不长，例如，风压突然急剧上升（称为阵风），或是在地震期间内较大的单向振动，在后一种情况下，如果整个结构的稳定性不存在危险，那么结构中的一些构件的瞬间的变形不会导致倒塌，且结构可能很快恢复到安全状态。

A.4　长细比范围

两种基本的极限反应机理—单纯压碎与纯弹性弯曲，实际上这些是在构件的长度或长细比极限范围内才会出现。而介于这些极限之间，存在一种过渡范围，即实际结构的反应是两种极限反应的结合形式。除了墙墩和桥墩，建筑结构中的大部分受压构件的破坏在这种过渡范围内。将这些范围分别记为 1、2、3 三个区域，如图 A.1 中所示。图中的反应形式表明，中间范围（区域 2）代表了从水平直线方向的压碎到欧拉公式的二次曲线这个中间几何过渡区的特性。尽管图中所标注的实际过渡点是任意，但确是经过多次重复试验的验证获得。

对于钢材和木材柱的设计，规范给出了超过长细比范围的所有抗压承载力的规定。同时，规范也给出了砌块砌体和混凝土材料受压柱极限承载力的调整范围，但实际上砌体和混凝土柱大部分是非常粗实。

图 A.1 中还表示了柱相应的长细比的范围，这些实际上是来自于现行木结构规范关于坚固木结构柱的相关规定。对于其他材料和其他横截面形式的柱需要做一些较小调整，而柱的形状对其的影响非常小。有关柱的形状对其影响的考虑将会证明我们先前的推断，就是建筑结构中大部分柱的破坏发生在中间范围。

A.5 压弯相互作用

很多情况下，结构构件往往承受轴向压力和内部弯矩相互作用的影响。这两种作用下的应力分析，可以考虑每一种作用效应的单独应力，也可以考虑两种效应的相互作用后组合成的应力。然而，如 A.9 节中考虑的应力计算，柱和受弯构件的作用效应特性基本上是不同的，因此，习惯上由两者的相互作用来考虑柱中的共同作用。

图 A.3 中表示了两者效应相互作用的典型形式，图中涉及的符号解释如下：

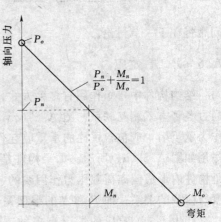

图 A.3 柱的压弯相互作用

• 构件的最大轴向承载力（没有弯矩）表示为 P_o。

• 受弯构件的最大弯矩承载力（没有压力）表示为 M_o。

• 弯矩和轴向压力相互作用下，低于 P_o 以下的压力表示为 P_n，构件能承受的弯矩表示为 M_n。

• 假定 P_n 与 M_n 相互作用的破坏沿着 P_o 和 M_o 线性关系发展，直线公式有以下形式：

$$\frac{P_n}{P_o} + \frac{M_n}{M_o} = 1$$

类似于图 A.3，可以采用应力，而不是荷载与弯矩来建立两者的关系曲线，以木材和钢材柱的情况为例，该曲线图采用一个简单的形式表示：

$$\frac{f_a}{F_a} + \frac{f_b}{F_b} \leqslant 1$$

式中 f_a——轴向荷载产生的实际应力；

F_a——柱的容许应力；

f_b——弯曲产生的实际应力；

F_b——受弯时梁的弯曲容许应力。

由于各种原因，真正的结构构件的相互作用并不遵循图 A.3 中所示的直线形式，钢筋混凝土柱的特性是按图 A.4 所示的一种反应形式。图 A.4 中，在相互作用的中间区域，与理论上的纯相互作用直线接近，在区域的两端相互作用的直线与曲线形式则有很大的差距。在弯矩较小端，近乎发生纯受压情况，此时柱的承载力按理论承载力计算的百分比考

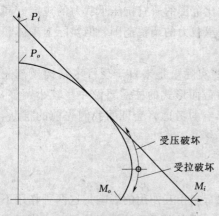

图 A.4 钢筋混凝土柱相互作用的一般形式

问题将在下一节讨论。

虑。实际中有很多原因会造成这一现象发生，包括一般情况下混合材料（混凝土与钢）的特性以及施工过程中的典型误差。在柱的上端范围，柱的压力较小，主要受弯矩作用，破坏过程和标准的控制为，破坏是由钢筋受拉屈服开始，而不是混凝土的受压破坏。而在柱的底端范围，轴向荷载使压应力增大，实际上提高了柱的抗弯承载力，直到失效基本上完全是受压作用控制。

钢材与木材构件，实际受力与相互作用的简单直线形式也存在偏差。一个主要的效应称为 $P-\Delta$ 效应，关于这个问题以及其他如非弹性特性，侧向稳定效应，以及构件的横截面几何形状效应等方面

A.6 $P-\Delta$ 效应

结构构件中弯矩作用有多种方式，当构件中主要承受轴向压力时，弯曲与受压效应可通过各种方式相互联系。图 A.5（a）表示了建筑结构中的一个非常普通的情况，即外墙作为承重墙，或包含了柱的承重墙起作用。重力荷载以及由于风或地震产生的侧向荷载的作用如图 A.5（a）所示。如果构件是柔性的，非荷载作用位置的实际侧向挠度很大，于是构件内形成偏离荷载压力作用线的一个附加的弯矩。这个附加弯矩是由构件任意点的挠度与荷载的关系；即 P 和 Δ 的乘积关系，如图 A.5 所示。因此被称为 $P-\Delta$ 效应。

产生 $P-\Delta$ 效应的情况有多种，图 A.5（b）所示为框架结构的一根边柱，由于梁柱端的连接，梁端的抵抗弯矩将会使柱顶产生弯矩。尽管梁和柱的几何外形有少许不同，但柱的基本反应与图 A.4（a）所示情况类似，当然，这部考虑框架也承受由于侧向的荷载或框架不对称引起的侧边挠度的情况。图 A.5（c）所示为柱顶有较大竖向和水平荷载作用的竖向悬臂结构，其重力荷载与侧向荷载相互作用的效应。图 A.5（b）、（c）所示为刚性框架承受竖向和侧向荷载相互作用的组合效应。

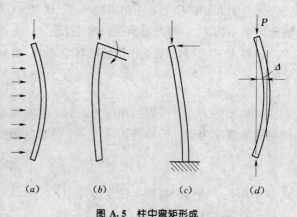

图 A.5 柱中弯矩形成
(a) 由于风、地震或土压力产生的侧向荷载效应；(b) 刚性框架中的传递弯矩；(c) 悬臂柱上的侧向荷载；(d) 弯曲柱上作用轴向力产生的 $P-\Delta$ 效应

所有的这些情况以及其他各种情况中，$P-\Delta$ 效应可能，或不可能成为结构性能控制作用的因素。决定其重要性的主要因素，通常是结构的相对柔度，尤其是直接承受荷载作用效应的构件的相关刚度。设想一个最差的情况，$P-\Delta$ 效应可能成为加速的一种因素，这种情况，使 $P-\Delta$ 效应中产生较大的挠度会增大附加弯矩，接下来进一步导致的 $P-\Delta$

效应变化，又形成更大的挠度，如此不断重复下去。

除了构件初始弯矩较大的情况，$P-\Delta$ 效应很少单独出现。大多数情况，$P-\Delta$ 效应将与其他的情况相互联系。对于细长构件，$P-\Delta$ 效应可能预示构件将有突然的屈曲破坏。其他的情况，由于 $P-\Delta$ 效应产生弯矩与其他弯矩组合，可能成为相互作用或应力组合的控制状况。

实际上很多情况下，并非都是 $P-\Delta$ 效应起控制作用。$P-\Delta$ 效应常常伴随考虑许多其他情况的组合，但它对结构的影响还是甚微。$P-\Delta$ 效应能起关键作用的情况一般是非常细长结构构件，尤其是柱很高但截面非常细的情况，此时应该仔细考虑 $P-\Delta$ 效应，并且忽略不计其他效应的影响。

A.7 约束材料的压力

实心材料具有能力抵抗线性压力的作用，而液体材料只有在受约束的情况下才能抵抗压力，例如汽车轮胎中的空气，或者是液压千斤顶中的油。将受约束的实心材料的受压相当于三向受压的应力状态，如图 A.6 所示。

三轴应力状态的一个主要的现象类似于存在松软的泥土中的情况，典型的基础支撑材料是埋在承载土之下，基础上部以及基础周围存在大量的土壤，为基础的支撑材料创造了三向受压的约束条件。这样的约束条件使得其他的一些较弱受压的材料可以承受一定的压力。尽管松散的沙、软土和潮湿黏土即使处于三向受

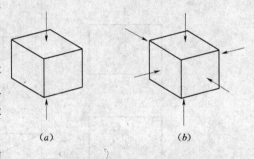

图 A.6 受压应力的状态
(a) 单向受压；(b) 约束材料的三向受压应力

压也不能作为非常理想的承重材料，但同样具有这样的约束。这些约束是基础稳定必须的连续条件，如果在基础的邻近地方进行大量土壤挖掘或者移土，以及河床的塌陷等都会导致基础产生严重问题。

当约束环境为强制性的液体或松散的颗粒材料时，约束依然能够为实心材料的抗压能力起增强作用。这样的一个例子类似于螺旋配筋的钢筋混凝土柱核心混凝土。螺旋柱是在核心混凝土的周边采用了一个连续的螺旋配筋（形状一般类似螺旋形的弹簧）。在接近柱的极限承载力时，螺旋钢筋将承受拉力，从而对柱的中部的核心混凝土产生约束作用，受约束的混凝土将会形成较高的水平压力，因此提高了柱单向承压时的线性应力。

A.8 压弯组合应力状态

压弯的组合作用将会对结构产生各种效应。压和弯的这两种单独现象和可能引起 $P-\Delta$ 效应的相互作用，在本章之前的一些章节中已经讨论。现在我们将考虑的是已有弯矩作用的某些横截面，当增加轴向压力作用后，实际组合的应力状态，一个常见的例子是在承重基础的底部形成的应力，该例中的"截面"指基础与地基土的接触面。

图 A.7 所示为承受组合受力作用的简单矩形基础，需要抵抗竖向荷载、水平滑移以

及倾覆弯矩。抵抗水平力矩是由基础底部的一些摩擦力以及基础表面的土压力形成。在这里我们关心的是对于竖向力和倾覆弯矩的计算，以及竖向力和倾覆弯矩对竖向土压力的组合作用。

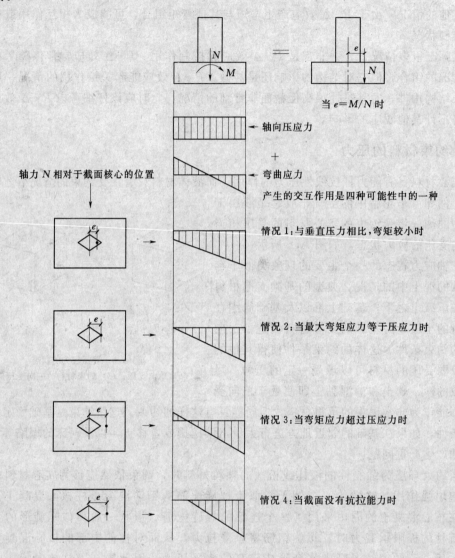

图 A. 7　压力和弯矩组合作用的截面应力

　　图 A. 7 介绍了截面上考虑承受竖向力和弯矩组合作用的一个常用方法。该情况中的横截面是基础与地基土的接触面。然而，最初的组合作用为力和弯矩，我们将其转换成截面上产生相同的效应的等效偏心力。为了获得与应力组合的等效特性，假设截面上的偏心距为 e，e 的方向和大小与横截面的性质有关，数值等于截面上的弯矩除以垂直作用于底面的力获得，如图 A. 7 所示。分布于截面上净的或组合的应力可视为力和力矩单独作用所产生的应力组合。基础的两个应力边缘以及组合应力的一般公式为

$$p = \frac{N}{A} \pm \frac{Nec}{I}$$

从这个公式中，我们观察到如图 A.7 所示的三种应力组合情况。第一种情况是偏心距 e 很小，即截面边缘产生非常小的弯曲应力。此时截面为全截面承受压应力，压应力的变化在一边达到最大值，在另一边达到最小值。

第二种为基础一个边缘产生的拉压应力等效的情况下发生，这样最小应力边缘应力恰好为零，这种情况的边界条件介于第一种与第三种之间，任何偏心矩的增大都会在截面上产生一定的拉应力。由于土和基础的接触表面是不可能产生拉应力，因此这是基础设计的极限条件。这样，第三种可能的情况类似于柱或梁中仅有拉应力的情况。相应于第二种情况的 e 值可以通过以下的两种构件应力公式相等来获得：

$$p = \frac{N}{A} \pm \frac{Nec}{I}$$

$$e = \frac{I}{Ac}$$

这里所获得的 e 值被称为截面核心界限，核心指截面中心周围的区域，偏心力作用于这个区域内时，截面上不会产生的拉应力。对于任何形状的截面，都可以应用核心界限中的公式获得核心区域。图 A.8 表示了三种普通形状截面的核心区域。

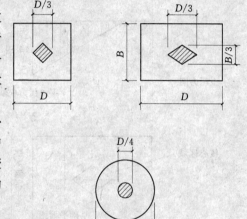

当不可能产生拉应力时，在核心界限以外的偏心将会产生所谓的开裂截面，如图 A.7 中的情况 4 所示。这种情况下，截面的一部分变成无应力作用或开裂截面，余下的截面部分的压应力将成为截面抵抗力和弯矩的全部抗力。

图 A.9 所示为开裂截面分析的一个方法，称为压力楔块法，压力楔块代表了土压力形成的总压力。楔块的静态与截面上力及力矩的平

图 A.8 普通截面的核心区域

衡分析，可以用来建立应力楔块尺寸的两个关系，这些关系内容如下：

（1）楔块总的容量与截面上的竖向力相等（即竖向力的总和为零）。

（2）楔块的形心位于截面上等效偏心力的垂直线上（截面上的力矩总和为零）。

参考图 A.9，应力楔块的三个尺寸为：w，基础的宽度；p，最大土压力值；x，截面未开裂部分的长度。如果 w 已知，则楔块分析的解答方法由确定 p 和 x 的数值构成。对于矩形基础，简单三角形的应力楔块的中心将位于三角形的第三点上。如图 A.9 中所示，意味着长度 x 将是 a 值的 3 倍。只要确定了 e 的数值，a 和 x 的数值也就可以确定了。

应力楔块的体积可通过它的三个尺寸来表示：

$$V = \frac{1}{2} wpx$$

应用前述的静平衡关系，该体积等于作用于截面上的力。在求得 w 和 x 值的基础上，

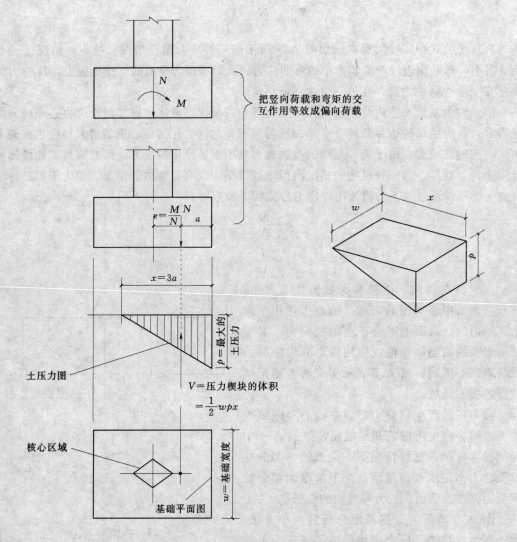

图 A.9 开裂截面的压力—楔块法

可以按以下公式求得 p 值:

$$N = V = \frac{1}{2}wpx$$

$$p = \frac{2N}{wx}$$

【**例题 A.1**】 求某方形基础土压力的最大值。已知基础底部作用的轴向压力 N 为 100kip（450kN），弯矩为 100kip·ft（135kN·m），试分别求基础宽度为 8ft（2.4m）、6ft（1.8m）、5ft（1.5m）的压力。

解: 第一步先确定等效的偏心距，并将它与图 A.7 中各种情况下应用的基础的核心界限值相比较。

（1）计算基础宽度为 8ft 的情况:

$$e = \frac{M}{N} = \frac{100}{100} = 1\text{ft}(0.3\text{m})$$

对于 8ft 宽度的基础，核心界限值＝8/6＝1.33ft（0.41m），可见，此属于图 A.7 中的情况 1。

接下来应用前面推导的组合应力公式确定土压力：

$$p = \frac{N}{A} + \frac{Mc}{I} = \frac{100}{64} + \frac{100 \times 4}{314.3}$$

$$= 1.56 + 1.17$$

$$= 2.73\text{ksf } (131.7\text{kPa})$$

其中　　　　　　　　　$A = 8^2 = 64\text{ft}^2(5.95\text{m}^2)$

$$I = bd^3/12 = 8^4/12 = 341.3\text{ft}^4(2.95\text{m}^4)$$

（2）可以观察到核心界限为 6/6＝1，该值与偏心距相等。因此，该情况如图 A.7 中的情况 2 所示那样，并且压力为 $N/A = Mc/I$，于是有

$$p = 2 \times \frac{N}{A} = 2 \times \frac{100}{6 \times 6} = 5.56\text{ksf } (266\text{kPa})$$

（3）偏心距超过了核心界限，因此，需按照图 A.9 的情况进行计算：

$$a = \frac{5}{2} - e = 2.5 - 1 = 1.5\text{ft } (0.46\text{m})$$

$$x = 3a = 3 \times 1.5 = 4.5\text{ft } (1.38\text{m})$$

$$p = \frac{2N}{wx} = \frac{2 \times 100}{5 \times 4.5} = 8.89\text{ksf } (429\text{kPa})$$

这里已经计算了基础的底部承重接触面上组合受压和受弯应力。有时也会认为，将基础底部想象为有拉应力的情况比无拉应力的情况或许更真实、更容易。将此与无筋混凝土或砌体受压的情况进行比较，其中的一个保守假定，就是不考虑这些材料的抗拉承载力，这并不完全真实，尽管极限受拉抵抗力仅仅是受压抵抗力的一部分。

尽管压力楔块法或开裂截面的方法（见图 A.9）不可能应用到有拉力的情况的截面，但这个方法确实设想了实际裂缝的发展情况。由于人们通常希望降低砌体和混凝土结构中的开裂情况，对良好的结构设计来说，考虑图 A.7 中的情况 2（即截面边缘的拉力为零）应力组合作为真正的极限是明智的。不过，对于主要承受风或地震效应的极限荷载情况，应用开裂截面来决定极限抵抗力的方法是合理的。

A.9　组合构件

当一个单独构件中采用了两种或更多的材料制作而成，会发生一种特殊的应力情况，即荷载作用时，这些材料作为整体共同变形，钢筋混凝土柱正是这种情况的一个例子。在一个理想的情况下，我们假定两种材料是弹性的，且两种材料之间的应力为均匀分布。

假定两种材料变形量相等（见图 A.10 中的 e），其总的长度的变化值可以表示为

$$e = e_1 = e_2$$

式中　e_1——材料 1 的长度变化值；

e_2——材料 2 的长度变化值。

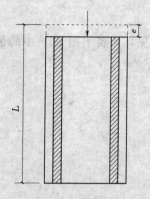

图 A.10 组合构件中
分担的压力

由于两种材料都有相同的初始长度以及相同的总变形，两种材料的单位应变也是相同的，于是有

$$\varepsilon_1 = \varepsilon_2$$

假定弹性条件下，这两种材料的应变与应力及弹性模量有关，即

$$\varepsilon_1 = \frac{f_1}{E_1}, \quad \varepsilon_2 = \frac{f_2}{E_2}$$

两种材料的应力关系就能表示为

$$\frac{f_1}{f_2} = \frac{E_1}{E_2}$$

或

$$f_1 = f_2 \frac{E_1}{E_2}$$

各种不同的方式可简单地表示出材料中的应力与它们的弹性模量成比例的关系。

【例题 A.2】 边长为 12in（0.3m）的正方形钢筋混凝土柱，配有 4 根直径为 0.75in（18.75mm）的钢筋，柱承受 100kip（444.8kPa）的压力荷载。试求混凝土与钢筋中的应力。[假设混凝土的弹性模量为 4000ksi（2.8×10⁴MPa），钢筋的弹性模量为 29000ksi（2.0×10⁵MPa）]

解： 考虑荷载由钢筋和混凝土的抗力 P_s 和 P_c 组成，则总的抗力为

$$P = P_s + P_c = f_s A_s + f_c A_c$$

利用前面得出的两种应力屈服之间的关系：

$$f_s = \frac{E_s}{E_c} f_c = \frac{29000}{4000} f_c = 7.25 f_c$$

对于荷载与抗力 P 的在极限情况，有下列表达式：

$$P = 100 = f_s A_s + f_c A_c = 7.25 f_c A_s + f_c A_c = f_c (7.25 A_s + A_c)$$

1 根钢筋的面积为

$$A = \pi R^2 = 3.14 \times 0.375^2 = 0.44 \text{in}^2 (2.75 \times 10^{-4} \text{m}^2)$$

则所有的 4 根钢筋面积为

$$A_s = 4 \times 0.44 = 1.76 \text{in}^2 (1.1 \times 10^{-3} \text{m}^2)$$

而混凝土的面积为

$$A_c = 12^2 - 1.76 = 142.24 \text{in}^2 (8.9 \times 10^{-2} \text{m}^2)$$

代入各值得

$$100 = f_c (7.25 \times 1.76 + 142.24) = f_c \times 155.0$$

于是有

$$f_c = \frac{100}{155.0} = 0.645 \text{ksi} (4.5 \text{MPa})$$

且

$$f_s = 7.25 f_c = 7.25 \times 0.645 = 4.68 \text{ksi} (32.3 \text{MPa})$$

钢筋混凝土结构的设计计算
——容许应力法

以下的内容是容许应力法应用中的公式和步骤的一个简述。建议这个方法仅用于初步的近似设计或采用低强度混凝土的设计（混凝土强度不超过 $f'_c = 3000\text{psi}$）以及低配筋率的结构时（配筋率不大于 1.0）。

B.1 受弯——仅配受拉钢筋的矩形截面

图 B.1 中的符号定义：

b——混凝土受压区宽度；

d——截面的应力分析的有效高度，即从钢筋的形心到受压混凝土的边缘；

A_s——钢筋的截面面积；

p——钢筋的配筋率，定义为 $p = A_s/bd$；

n——弹性模量比，$n =$ 钢筋的弹性模量/混凝土的弹性模量；

kd——受压应力区域的高度；用来定义应力截面的中和轴，用 d 的百分比 (k) 来表示；

jd——在净拉力与净压力之间的内部力臂，用 d 的百分比 (j) 来表示；

f_c——混凝土的最大的压应力；

f_s——钢筋的拉应力。

如图 B.1 中所示，压力 C 表示压应"楔块"的体积：

$$C = \frac{1}{2}(kd)bf_c = \frac{1}{2}kf_cbd$$

用混凝土压力表示的截面抵抗弯矩为

$$M = Cjd = \frac{1}{2}kf_cbd(jd) = \frac{1}{2}kjf_cbd^2 \tag{1}$$

计算混凝土应力的表达式：

$$f_c = \frac{2M}{kjbd^2} \tag{2}$$

用钢筋和钢筋应力表示的截面抵抗弯矩为

$$M = Tjd = A_sf_sjd$$

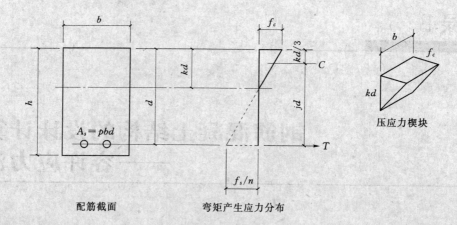

配筋截面   弯矩产生应力分布

图 B.1 配置受拉钢筋的钢筋混凝土截面上的弯矩（容许压力法）

计算钢筋应力，或是计算所需的钢筋面积：

$$f_s = \frac{M}{A_s jd} \tag{3}$$

$$A_s = \frac{M}{f_s jd} \tag{4}$$

有用的参考是采用截面平衡法，当钢筋数量确定，且混凝土和钢筋同时达到极限应力时，则称为平衡截面。确定其中的有关特性表达如下：

$$k = \frac{1}{1 + \dfrac{f_s}{n f_c}} \tag{5}$$

$$j = 1 - \frac{k}{3} \tag{6}$$

$$p = \frac{f_c k}{2 f_s} \tag{7}$$

$$M = Rbd^2 \tag{8}$$

其中

$$R = \frac{1}{2} kj f_c \tag{9}$$

式（9）是由式（1）推出的。

假如将混凝土的极限压应力（$f = 0.45 f_c'$），以及钢筋的极限应力代入式（5），即可求出平衡截面的系数 k，从而获得 j、p、R 相应的数值。可利用平衡法的 p 值来计算截面的受拉钢筋的数量，该截面没有配置受压钢筋。如果所用受拉钢筋数量较少，钢筋应力将会限制弯矩值，使混凝土的最大应力将会低于 $0.45 f_c'$ 极限值，k 值也将稍微低于平衡值，j 值将会稍高于平衡值。这些关系可用于设计确定横截面面积的近似值。

表 B.1 给出了各种混凝土强度和钢筋极限应力组合的平衡截面特性。其中，N、k、j、p 的值为无量纲值。但是 R 必须采用特殊单位来表达。表中使用的单位为 kip·in 和 kN·m。

当所用钢筋面积略小于平衡值 p 时，k 的真实值可以由下面的公式确定：

$$k = \sqrt{2np + (np)^2} - np \tag{10}$$

表 B.1　　　　　　　　　仅配受拉钢筋的矩形混凝土截面的平衡截面特性

f_s		f_c'		n	k	j	p	R	
ksi	MPa	ksi	MPa					kip·in	kN·m
16	110	2.0	13.79	11.3	0.389	0.870	0.0109	0.152	1045
		2.5	17.24	10.1	0.415	0.862	0.0146	0.201	1382
		3.0	20.68	9.2	0.437	0.854	0.0184	0.252	1733
		4.0	27.58	8.0	0.474	0.842	0.0266	0.359	2468
20	138	2.0	13.79	11.3	0.337	0.888	0.0076	0.135	928
		2.5	17.24	10.1	0.362	0.879	0.0102	0.179	1231
		3.0	20.68	9.2	0.383	0.872	0.0129	0.226	1554
		4.0	27.58	8.0	0.419	0.860	0.0188	0.324	2228
24	165	2.0	13.79	11.3	0.298	0.901	0.0056	0.121	832
		2.5	17.24	10.1	0.321	0.893	0.0075	0.161	1107
		3.0	20.68	9.2	0.341	0.886	0.0096	0.204	1403
		4.0	27.58	8.0	0.375	0.875	0.0141	0.295	2028

图 B.2 可用来计算各种 p 与 n 组合下 k 的近似值。

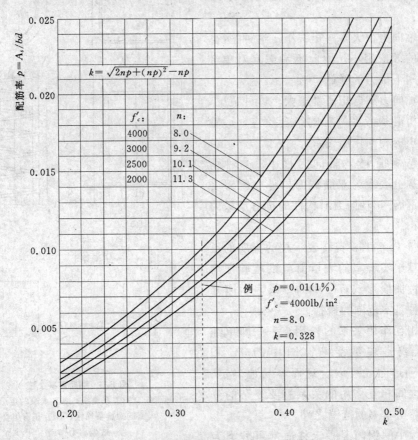

图 B.2　矩形混凝土梁的系数 k（p 和 n 的关系）

B.2 钢筋混凝土柱

实际工程的结构设计师习惯使用表格法，或是计算机辅助程序来确定混凝土柱的截面尺寸以及所需的钢筋面积。分析公式的复杂性以及大量数据的变化，使得钢筋混凝土柱的设计仅仅靠手算来完成是不切实际的。1988 年版的 ACI 规范中关于柱的设计规定，与1963 年版规范的容许应力设计法中的规定有很大的不同。现行规范中关于柱的设计不允许采用容许应力法进行，原因是按容许应力法计算，柱所能承受的荷载值仅仅是通过强度设计法程序计算值的 40%。

由于大部分混凝土结构的受荷本质，当前的实际设计中通常不考虑混凝土仅仅承受轴心受压的可能性。也就是说，通常认为实际工程中轴向压力作用时总有一定的弯矩与之并存。图 B.3（a）描绘了轴向荷载与弯矩的组合作用范围，混凝土柱中称为的相关关系的特性。一般，这种性能表现的三个基本范围如下：

（1）轴向力很大，弯矩很小。这种情况，由于弯矩的效应很小，因此不考虑其对单纯轴向力作用下抗力的降低。

（2）轴向力和弯矩值都很大。这种情况，设计的分析必须考虑所有的组合效应，即轴向力与弯矩的相互作用关系。

（3）弯矩很大，轴向力很小。这种情况，柱基本上表现为双筋截面构件（配置受压和受拉钢筋），轴向力对构件的抗弯承载力的影响较小。

图 B.3（a）中，实线表示柱的真实的反应，这是基于实验室的大量荷载试验验证后得到的特性曲线形式。图中的虚线表示刚才所述的三种基本范围的概括。

最终相互作用关系的作用点——即单纯轴向受压或是单纯受弯（图中的 P_o 和 M_o）——通过曲线可以合理而容易地确定。两种极限之间相互作用的关系需要复杂的分析，这已超出本书的范围之外。

建筑物中的钢筋混凝土柱通常可分类为

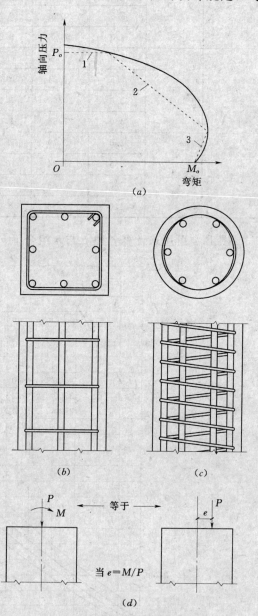

图 B.3 钢筋混凝土柱

(a) 压弯组合的关系曲线；(b) 典型的矩形箍筋柱；
(c) 典型的螺旋箍筋柱；(d) 压弯组合的等
效偏心力作用

下列中的一种：

(1) 正方形箍筋柱。

(2) 圆形的螺旋箍筋柱。

(3) 长方形的箍筋柱。

(4) 其他几何形状（六边形、L形、T形等）柱截面，配有矩形或螺旋箍筋的柱。

矩形箍筋柱中，纵向的钢筋由所在位置且直径较小的箍筋支撑固定，箍筋通常为3号或4号钢筋，如图B.3（b）中的正方形截面即是这种柱的代表。箍筋如同正方形截面一样也可能适应其他几何形状的截面。关于这类柱的设计在B.3节中讨论。

螺旋箍筋柱中，纵向钢筋按圆形截面均匀布置，所有纵向钢筋由连续的圆柱形的螺旋箍筋围住，螺旋箍筋可以是钢筋也可以由较大直径的钢丝制成。圆形柱截面的配筋体系显然能获得最好的工作性能，但这样的配筋体系仍然可以用于其他的几何形状的截面柱。图B.3（c）表示了这种类型的圆形柱。

经验表明，在同样的混凝土和钢筋用量条件下，螺旋箍筋柱的承载力比等效的矩形箍筋柱稍大。由于这个原因，规范条例中允许螺旋箍筋柱承受的荷载增大一些。螺旋箍筋往往造价较高，而且建筑物中，通常圆形箍筋类型与其他施工构造之间的协调配合较难处理。因此，若截面的外部尺寸限制不严格时，矩形箍筋柱更经常使用。

可见，在柱的设计中，规范条例以及实际构造因素的考虑对于柱的尺寸和钢筋的选择都有限制。

1. 柱的尺寸

现行的规范对柱的截面尺寸不加限制，但考虑到实际需要，建议设计中考虑下列限制条件。矩形箍筋柱其截面尺寸必须限制最小面积不低于 100in^2（6.25×10^{-2} m^2），并且正方形截面其边长不小于 10in（0.25m），长方形截面其边长不小于 8in（0.2m）。螺旋箍筋柱无论是圆形截面或正方形截面，其最小直径或最小边长不应小于 12in（0.3m）。

2. 钢筋

钢筋的最小尺寸为5号，钢筋的最小数量，对于矩形箍筋柱，钢筋不少于4根；螺旋箍筋柱，钢筋不少于5根。最小钢筋面积不少于柱总面积的1%。允许的最大钢筋面积不多于柱总面积的8%，但是考虑到钢筋间距的限制这很难实现；因此，最大钢筋面积不多于柱总面积的4%是个较实用的限制。1983年版的ACI规范中第10.8.4节规定，对于实际横截面面积大于荷载作用所需横截面积的受压构件，确定最小钢筋用量和设计强度时，可以采用不低于总面积一半的折减后的有效面积。

3. 箍筋

如果纵向钢筋不超过10号，箍筋至少要采用3号钢筋；如果纵向钢筋超过11号，应该使用4号箍筋。箍筋的垂直间距不能大于纵筋直径的16倍，箍筋直径的48倍，或是柱的任意方向的最小尺寸。箍筋布置必须考虑，每个角部钢筋以及每隔一根纵向钢筋应该考虑由箍筋固定，封闭箍筋角部弯折角不大于135°，纵筋之间的净间距不大于6in（0.15m）。完全的圆形箍筋通常用于纵筋环形布置的类型。

4. 混凝土保护层厚

柱的表面不暴露在外界恶劣环境或不与地面接触，最少需要 1.5in（0.0375m）厚的混凝土保护层；对于暴露在外界恶劣环境或与地面接触的柱表面，最少需要 2in（0.05m）厚的混凝土保护层；如果混凝土浇筑进土层，混凝土保护层不应少于 3in（0.075m）厚。

5. 钢筋的间距

钢筋之间的净距离不能小于钢筋直径的 1.5 倍，或粗骨料最大规定尺寸的 1.33 倍，或是 1.5in（0.0375m）。

B.3　矩形箍筋柱设计

大部分建筑结构中，混凝土柱将承受除了轴向压力荷载以外计算的弯矩〔见图 B.3 (a)〕。即使当计算弯矩不存在时，最好还要考虑到构件的偶然偏心作用或其他形式引起的力矩。因此，按规范推荐，对于最小偏心距为柱截面尺寸的 10% 时，得到柱的最大安全荷载。

图 B.4 给出了选择方形箍筋柱尺寸的安全荷载。该荷载用于柱具有不同程度的偏心距的情况，其值是轴向荷载与弯矩组合后的平均值。如图 B.3 (d) 所示，柱的计算力矩可以转化为等效的偏心荷载。图中用于曲线的数据是基于 1988 年版 ACI 规范要求的强度计算法中荷载的 40% 计算。

图 B.4 中的曲线，并不是从偏心矩为零时开始。此外，采用强度设计方法确定 40% 的荷载要求，使得容许压力法中的安全系数相当高。即是说，这种情况下，规范不支持使用容许压力法。

下面的例子用于矩形箍筋柱设计时图 B.4 的应用情况。

【例题 B.1】　某柱，混凝土强度 $f'_c = 4$ksi（27.58MPa），钢筋的强度 $f_y = 60$ksi（413.7MPa），承受大小为 400kip（1779.2kN）的轴向压力荷载。若钢筋的最大配筋率为 4%，求该柱的实际最小尺寸；若钢筋的最小配筋率为 1%，求柱最大的尺寸。

解：使用图 B.4 (b) 中的给定值，可以得出：

若纵向钢筋采用 8 根 9 号钢筋时（14 号曲线），柱的最小截面尺寸为 20in^2（1.25×10^{-2}m^2）。该柱的最大承载力为 410kip（1823.7kN），$p_g = 2.0\%$。

若纵向钢筋采用 4 根 11 号钢筋时（17 号曲线），柱的最大截面尺寸为 24in^2（1.5×10^{-2}m^2）。该柱的最大承载能力为 510kip（2268.5kN），$p_g = 1.08\%$。

显然，该柱的最小截面尺寸可以采用 18in（0.45m）或 19in（0.475m），该柱的最大截面尺寸可以采用 22in（0.55m）或 23in（0.575m）。由于这些截面尺寸未在图中给定，在没有使用强度设计程序的情况下，我们不能肯定证实。

【例题 B.2】　某正方形的矩形箍筋柱，混凝土强度 $f'_c = 4$ksi（27.58MPa），钢筋的强度 $f_y = 60$ksi（413.7MPa），承受大小为 400kip（1779.2kN）轴向荷载和大小为 200kip·ft（266.9kN·m）的弯矩共同作用，求柱所需最小截面尺寸以及所需钢筋面积。

解：首先确定等效偏心，如图 B.3 (c) 所示，则有

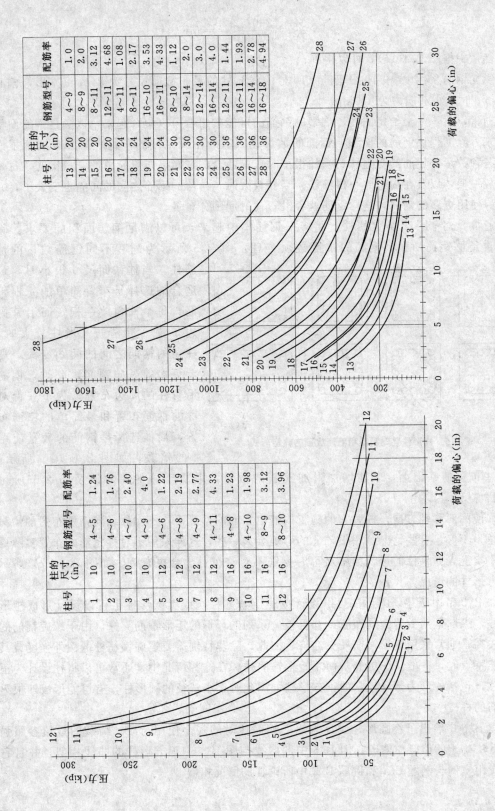

图 B.4 钢筋等级为 60，混凝土强度为 4ksi(27.58MPa) 的方形箍筋柱的安全使用荷载

$$e = \frac{M}{P} = \frac{200 \times 12}{400} = 6\text{in}$$

然后根据图 B.4（b），可以得到：

纵向钢筋采用 16 根 10 号钢筋（19 号曲线）柱的最小截面尺寸为 24in 正方形，偏心距为 6in 时，承载能力为 410kip。

通常，对于一个给定的柱，许多的钢筋的可能的组合可以集合起来，以满足钢筋面积的要求。除了提供钢筋的面积，钢筋的数量也很有理由确定柱的布置。图 B.5 展示了许多有各种数量的钢筋的受箍柱。当柱很小时，最适合的选择是布置简单的 4 根钢筋，每个角落放一根，以及在周边放一根箍筋。当柱较大时，角落的钢筋之间的间隔也变大了，并且最好使用更多的钢筋。这样钢筋就会沿着柱的周围分布了。

通常，对于一个给定的柱，将多根钢筋集中起来，可以满足钢筋面积的要求。除了提供足够钢筋面积，钢筋的布置必须合理。图 B.5 所示为配有不同钢筋数量的箍筋柱。当柱截面尺寸很小时，最适合的选择是布置简单的 4 根钢筋，每个柱角放一根，而沿其周边布置一道箍筋。当柱较大时，柱角的钢筋之间的间距变大，需要更多的纵向钢筋，此时，钢筋沿着柱的周边布置。为了获得对称的钢筋布置和最简单的箍筋布置，最佳选择是钢筋的数量使用 4 的倍数，如图 B.5（a）所示。

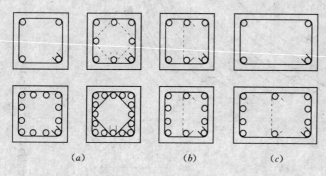

（a）　　　　　（b）　　　　　（c）

图 B.5　矩形柱竖向钢筋和箍筋放置的典型形式

在这些布置的基础上，若需增加附加箍筋的数量，取决于柱的尺寸以及 B.2 节所讨论的因素。

即使两对称轴方向，柱和它的施工构造也相同的情况下，不对称纵向钢筋布置的情况并非总是不好。有些情况，一根轴上的弯矩会大一些，这样采用不对称钢筋的布置实际更好。事实上，如果柱的形状为不对称时钢筋不对称布置也会更有效，如图 B.5（c）所示的长方形柱的情况。

如 B.2 节中所述，圆形柱可以设计成螺旋箍筋柱，或者圆形柱也可以设计形成矩形箍筋柱，纵向钢筋沿着圆周布置，并且被一系列的环形的矩形箍筋支撑。由于螺旋钢筋的费用较高，通常采用矩形箍筋柱更经济。因此，除非特别需要螺旋箍筋柱的额外强度或其他性能特点时，一般情况更经常使用矩形箍筋柱。在这些情况中，通常可以将柱设计为正方形柱，包括外形为圆形形状的正方形柱。因此对于小直径的圆形柱，有可能形成四根纵向钢筋的柱。

图 B.6 中给出了将圆形柱设计为矩形箍筋柱时的安全使用荷载。荷载的数值参照强度设计法确定的值已作修改。图 B.6 中的曲线与图 B.4 中正方形柱的曲线相似，并且它们的应用实例与例题 B.1 和例题 B.2 中所论证的情况相似。

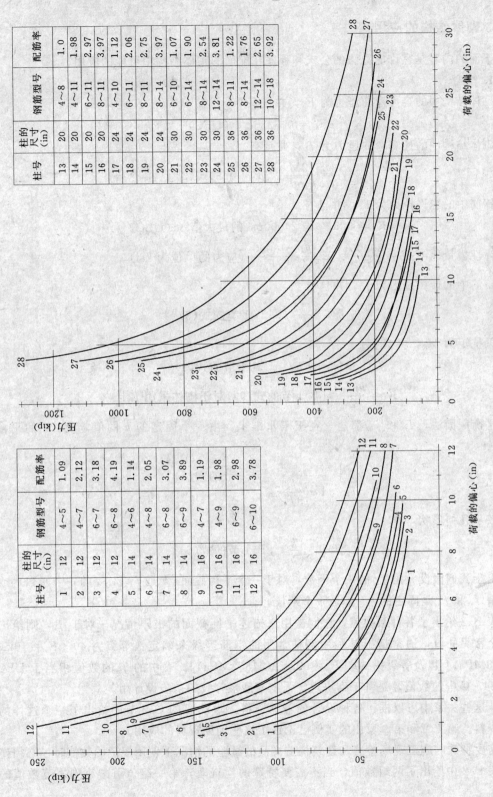

柱号	柱的尺寸 (in)	钢筋型号	配筋率
13	20	4～8	1.0
14	20	4～11	1.98
15	20	6～11	2.97
16	20	8～11	3.97
17	24	4～10	1.12
18	24	6～11	2.06
19	24	8～11	2.75
20	24	8～14	3.97
21	30	6～10	1.07
22	30	6～14	1.90
23	30	8～14	2.54
24	30	12～14	3.81
25	36	8～11	1.22
26	36	8～14	1.76
27	36	12～14	2.65
28	36	10～18	3.92

柱号	柱的尺寸 (in)	钢筋型号	配筋率
1	12	4～5	1.09
2	12	4～7	2.12
3	12	6～7	3.18
4	12	6～8	4.19
5	14	4～6	1.14
6	14	4～8	2.05
7	14	6～8	3.07
8	14	6～9	3.89
9	16	4～7	1.19
10	16	4～9	1.98
11	16	6～9	2.98
12	16	6～10	3.78

图 B. 6　钢筋等级为 60，混凝土强度为 4ksi(27.58MPa)的矩形箍筋圆形柱的安全使用荷载

B. 4 砌体结构的应用

下面的内容是容许应力法的公式和程序在配筋的砌体结构中可能的应用。

1. 受弯

砌体结构中的容许弯曲压力为 F_b，并且有

$$F_b = 0.333 f'_m \quad \text{（UBC）}$$

砌体结构中的计算弯曲压力为 f_b，并且有

$$f_b = \frac{2M}{kjbd^2} \quad \text{［B. 1 节的式（2）］}$$

钢筋中的容许拉力为 F_s，并且有

$$F_s = 0.5F_y \text{ 与 } 24000\text{psi 的最大值} \quad \text{（UBC）}$$

弹性模量比 $= \dfrac{E_s}{E_m} = \dfrac{30000}{f'_m} = \dfrac{30000}{3F_b} = \dfrac{10000}{F_b}$ （应力的单位为 ksi）

钢筋中的计算拉力为 f_s，并且有

$$f_s = \frac{M}{A_s jd} \quad \text{［B. 1 节的式（3）］}$$

抵抗矩为 M_R，并且有

$$M_R = Kbd^2 \quad \text{［B. 1 节的式（8）］}$$

$$K = \frac{kjf_b}{2} \quad \text{［B. 1 节的式（9），对于砌体采用 } K\text{］}$$

平衡截面法，f_s 和 f_b 都建立在极限水准上，由一个固定的 k 的值定义。k 的平衡值为

$$k = \frac{1}{1 + \dfrac{f_s}{n f_b}} \quad \text{［B. 1 节的式（5）］}$$

仅从几何形状，有

$$j = 1 - \frac{k}{3} \quad \text{［B. 1 节的式（6）］}$$

由于我们假设 n 是 f_b 的一个函数，对于一个平衡截面，k 是 f_s 和 f_b 的一个函数，或者如果 f_s 和 f_b 是固定的，k 则是一个常量。

表 B. 2 给出了各种系数值，它们被用来描述平衡截面的极限情况。对于 f_s，则给出了两个常见的值，通常情况是利用两种常用的钢筋等级来确定：等级为 40 ［$F_y = 40\text{ksi}$ (275.8MPa)］ 以及等级为 60 ［$F_y = 60\text{ksi}$ (413.7MPa)］。表中的 f'_m 的数值相当于 UBC 中表 24 - C 中的数值，是基于砌块规定强度与砂浆等级的初步设计用。

从这些关系中可以推得各种设计的辅助资料。附录 C 的 C. 2 节中给出了一个这样的辅助资料。第 4 章和第 9 章中的实例已论证了这些辅助资料的应用。

需要特殊的施工现场检查和建筑构造样品的试验的情况下使用规范的数值时，必须谨慎。表 B. 2 中给出了两组数值，当不需要特殊的检查时，第一组值可减小到规范数值的一半。

表 B.2　　　　　　　　　　　配置受拉钢筋的矩形砌体截面的平衡截面特性

钢　筋	f'_m [psi（MPa）]	弹性模量比 $n=E_s/E_m$	$F_b=f_m/3$ [psi（MPa）]	平 衡 截 面 特 性			
				k	j	K	$P=A_s/bd$
没有特别的检查时——规范数值减小一半							
等级 40 $F_y=40$ksi （275.8MPa）	675（4654）	44	225（1551）	0.333	0.889	33.3	0.00187
	750（5171）	40	250（1724）	0.333	0.889	37.0	0.00208
	1000（6895）	30	333（2296）	0.333	0.889	49.3	0.00278
	2000（13790）	15	667（4599）	0.333	0.889	98.7	0.00556
等级 60 $F_y=60$ksi （413.7MPa）	675（4654）	44	225（1551）	0.273	0.909	27.9	0.00128
	750（5171）	40	250（1724）	0.273	0.909	27.9	0.00142
	1000（6895）	30	333（2296）	0.273	0.909	41.3	0.00189
	2000（13790）	15	667（4599）	0.273	0.909	82.7	0.00379
没有特别的检查时——使用原有的规范数值							
等级 40 $F_y=40$ksi （275.8MPa）	1350（9308）	22	450（3103）	0.333	0.889	66.6	0.00375
	1500（10343）	20	500（3448）	0.333	0.889	74.0	0.00416
	2000（13790）	15	667（4599）	0.333	0.889	89.7	0.00556
	4000（27580）	7.5	1333（9191）	0.333	0.889	197.0	0.01111
等级 60 $F_y=60$ksi （413.7MPa）	1350（9308）	22	450（3103）	0.273	0.909	55.8	0.00256
	1500（10343）	20	500（3448）	0.273	0.909	62.0	0.00284
	2000（13790）	15	667（4599）	0.273	0.909	82.7	0.00379
	4000（27580）	7.5	1333（9191）	0.273	0.909	165.4	0.00758

2. 受压构件——墙

计算压应力为 f_a，并且有

$$f_a = \frac{P}{A_e}$$

式中　P——轴向作用荷载；

　　A_e——有效净面积。

容许压应力为 F_a，并且有

$$F_a = 0.20 f'_m \left[1 - \left(\frac{h'}{42t} \right)^3 \right] \quad \text{(UBC)}$$

3. 受压构件——柱

作为墙，有

$$f_a = \frac{P}{A_e}$$

容许应力为 F_a，其中 $F_a = P_a/A_e$，并且有

$$P_a = (0.20f'_m A_e + 0.65A_s F_{sc})\left[1 - \left(\frac{h'}{42t}\right)^3\right]$$

式中 A_e——砌体的有效净面积；

A_s——钢筋面积；

F_{sc}——钢筋取 $0.4F_y$ 与 24000psi 的最大值时的容许压应力。

4. 压弯组合构件——墙和柱

压弯组合时，有

$$\frac{f_a}{F_a} + \frac{f_b}{F_b} \leqslant 1$$

附录 C

砌体结构的辅助设计

本附录包含了砌体结构构件的设计计算中承担各种常见任务的辅助资料。文中的例子说明了这些辅助设计资料的使用。

C.1 墙体配筋

墙中的水平和竖向配筋通常是标准的变形钢筋，这些配筋的尺寸范围主要从 3 号到 9 号，典型的钢筋间距是与最普通的 CMU 建筑模数一致的。一旦所需的钢筋面积计算出来，表 C.1 根据钢筋面积可以迅速查出符合条件的各种选择，表格内的钢筋面积通常是每英尺墙长或墙高所需的钢筋面积（以平方英寸为单位）。表格的数值是根据典型的钢筋间距给出的。

表 C.1　　　　　　　　　　　每英尺墙中配筋平均值①　　　　　　　　单位：in²/ft（10⁴m²/m）

钢筋间距 [in(m)]	钢 筋 尺 寸						
	3 号	4 号	5 号	6 号	7 号	8 号	9 号
6(0.15)	0.220(4.6)	0.400(8.3)	0.620(12.9)	0.880(18.3)	1.200(25.0)	1.580(32.9)	2.000(41.7)
8(0.2)	0.165(3.4)	0.300(6.3)	0.465(9.7)	0.660(13.8)	0.900(18.8)	1.185(24.7)	1.500(31.3)
12(0.3)	0.110(2.3)	0.200(4.2)	0.310(6.5)	0.440(9.2)	0.600(12.5)	0.790(16.5)	1.000(20.8)
16(0.4)	0.082(1.7)	0.150(3.1)	0.232(4.8)	0.330(6.9)	0.450(9.4)	0.592(12.3)	0.750(15.6)
18(0.45)	0.073(1.5)	0.133(2.8)	0.207(4.3)	0.293(6.1)	0.400(8.3)	0.527(11.0)	0.667(13.9)
24(0.6)	0.055(1.1)	0.100(2.1)	0.155(3.2)	0.220(4.6)	0.300(6.2)	0.395(8.1)	0.500(10.4)
30(0.75)	0.044(0.9)	0.080(1.7)	0.124(2.6)	0.176(3.7)	0.240(5.0)	0.316(6.6)	0.400(8.3)
32(0.8)	0.041(0.9)	0.075(1.6)	0.116(2.4)	0.165(3.4)	0.225(4.7)	0.296(6.2)	0.375(7.8)
36(0.9)	0.037(0.7)	0.067(1.4)	0.103(2.1)	0.147(3.1)	0.200(4.2)	0.263(5.5)	0.333(6.9)
40(1.0)	0.033(0.7)	0.060(1.2)	0.093(1.9)	0.132(2.7)	0.180(3.7)	0.237(4.9)	0.300(6.2)
42(1.05)	0.031(0.6)	0.057(1.2)	0.088(1.8)	0.126(2.6)	0.171(3.6)	0.226(4.7)	0.286(5.9)
48(1.2)	0.027(0.6)	0.050(1.0)	0.077(1.6)	0.110(2.3)	0.150(3.1)	0.197(4.1)	0.250(5.2)

① 表中项目＝（钢筋的横截面面积×12）/间距。

【例题 C.1】 对于一片混凝土砌块墙，沿着墙的长度方向，砌块高为 8in（0.2m），沿墙长方向的孔中心距为 8in（0.2m），确定可供选择的配筋方案。所需的钢筋面积如下：

竖向：$\qquad A_s = 0.130\text{in}^2/\text{ft}(2.7 \times 10^{-4}\,\text{m}^2/\text{m})$

水平：$\qquad A_s = 0.067\text{in}^2/\text{ft}(1.4 \times 10^{-4}\,\text{m}^2/\text{m})$

解： 查阅表 C.1，可供选择的配筋方案如下：

竖向：3 号钢筋，间距为 8in（0.2m），配筋 0.165（3.4）；

$\qquad$ 4 号钢筋，间距为 16in（0.4m），配筋 0.150（3.1）；

$\qquad$ 5 号钢筋，间距为 24in（0.6m），配筋 0.155（3.2）；

$\qquad$ 6 号钢筋，间距为 32in（0.8m），配筋 0.165（3.4）；

$\qquad$ 7 号钢筋，间距为 48in（1.2m），配筋 0.150（3.1）。

水平：3 号钢筋，间距为 16in（0.4m），配筋 0.082（1.7）；

$\qquad$ 4 号钢筋，间距为 32in（0.8m），配筋 0.075（1.6）；

$\qquad$ 5 号钢筋，间距为 48in（1.2m），配筋 0.077（1.6）。

选择与 8in（0.2m）模数的钢筋间距，以及规范所需最大间距 48in（1.2m）相对应的配筋方案，钢筋布置是通常优先考虑最大容许间距，以及使用最少的钢筋数量。

C.2 砌体墙中的弯曲

图 C.1 可以用于容许应力法进行的砌体墙中的弯曲的计算。图中有三个变量，分别如下：

- 弯曲的系数 K（见章节 B.4），绘于图表中竖向坐标。
- 钢筋的配筋率，绘于图表中水平向坐标。
- 图表中的曲线表示容许弯曲应力（曲线中所用的 f_m 对应于本书中的 F_b）。

可以用很多方法来使用这个曲线图，一个经常使用的是确定所需的钢筋面积，下面的例子给出了说明。

【例题 C.2】 一片采用配筋混凝土砌块建造的墙，墙的名义厚度为 8in（0.2m）[实际厚度 $t = 7.625\text{in}$（0.19m）]，砌体强度 $f'_m = 1500\text{psi}$（10.34MPa）。墙承受大小为 20psf（1.0kPa）的风压，墙的竖向跨度为 16.7ft（5.0m），所用钢筋的强度 $F_y = 40000\text{psi}$（275.8MPa）。仅考虑风荷载的条件下，计算最少钢筋用量。

解： 由已知数据可确定下列内容：

砌体的容许应力为

$$F_b = 0.5 \times 0.33 f'_m \times 1.333$$
$$= 0.5 \times 0.33 \times 1500 \times 1.333$$
$$= 333\text{psi}(2.3\text{MPa})$$

（假定没有质量检查时该值降低 50%；有风荷载时提高 1/3）

钢筋的容许应力为

$$F_s = 0.5 F_y \times 1.333$$
$$= 0.5 \times 40000 \times 1.333$$
$$= 26667\text{psi}(18.3\text{MPa})$$

由表 B.2 知

$$n = 40$$

墙中钢筋为

$$d = t/2 = 3.813 \text{in} \ (0.095 \text{m})$$

风荷载作用，墙跨为 16.7ft（5.0m），相当于简支梁。因此，最大弯矩为

$$M = \frac{wL^2}{8} = \frac{20 \times 16.7^2}{8} \times 12 = 8367 \text{in} \cdot \text{lb} \ (930.4 \text{N} \cdot \text{m})$$

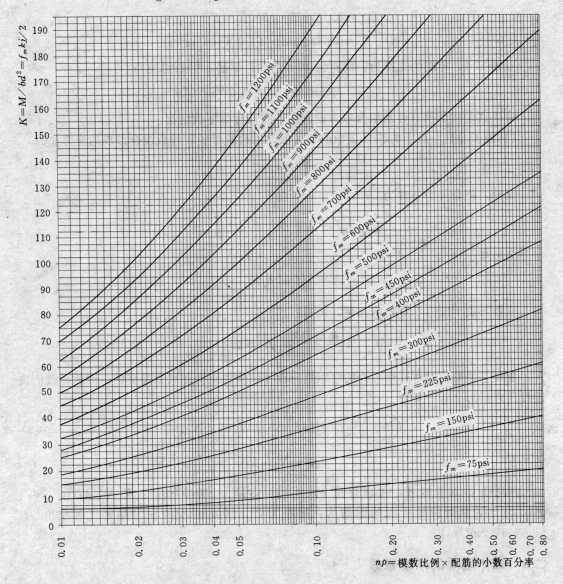

图 C.1　配筋砌体受压的弯曲系数 K 的曲线图
资料来源：经出版商美国砌体协会许可，取自《砌体设计手册》（参考文献 7）

由曲线图可知弯曲系数为

$$K = \frac{M}{bd^2} = \frac{8367}{12 \times 3.813^2} = 48$$

根据曲线图（见图 C.1）的左边，$K = 48$，延伸到右边，交点的数值为 $f_m = 333\text{psi}$，然后得到底部的数值为 $np = 0.073$，得

$$p = \frac{0.073}{n} = \frac{0.073}{40} = 0.001825$$

$$A_s = pbd$$
$$= 0.001825 \times 12 \times 3.813$$
$$= 0.0835\text{in}^2/\text{ft} \ (1.7 \times 10^{-4}\text{m}^2/\text{m})$$

从表 C.1，可能的选择为：间距为 40in 的 5 号钢筋，钢筋面积为

$$A_s = 0.093\text{in}^2/\text{ft} \ (1.9 \times 10^{-4}\text{m}^2/\text{m})$$

由于这个例子没有涉及组合应力的问题，我们考虑下例情况。

【例题 C.3】 对于例题 C.2 中的墙，假设风荷载与竖向荷载组合形成的应力比为

$$\frac{f_a}{F_a} = 0.2$$

因此，组合应力条件为

$$\frac{f_a}{F_a} + \frac{f_b}{F_b} = 1 \quad 或 \quad 0.2 + \frac{f_b}{F_b} = 1$$

于是有

$$\frac{f_b}{F_b} = 0.8$$

或者，由于应力与弯矩成比例，则有

$$\frac{荷载导致的\ M}{容许的\ M} = 0.8$$

现在，如果我们对这个容许的弯矩进行设计，应力组合是可以接受的。因此，我们决定设计弯矩为

$$M = \frac{8367}{0.8} = 10459\text{in} \cdot \text{lb}(1163.0\text{N} \cdot \text{m})$$

或

$$K = \frac{48}{0.8} = 60$$

利用图 C.1 中的 K，可以得出 $np = 0.155$，则 $p = 0.003875$，$A_s = 0.177\text{in}^2$（3.7 $\times 10^{-4}\text{m}^2$），从而获得所需的钢筋为：间距为 24in（0.6m）的 6 号钢筋 [0.220in^2/ft (4.6 $\times 10^{-4}\text{m}^2/\text{m}$)]。

C.3 砌体墙墩的刚度系数

表 C.2 和表 C.3 提供了可用于确定砌体墙墩的相对刚度系数。这些系数一般用于确定单个侧向荷载作用时，侧向荷载在不同刚度墙墩的分布，这已在 4.8 节讨论过。

表 C.2 悬臂砌体墙的刚度系数

h/d	R_c	h/d	R_c	h/d	R_c	h/d	R_c	h/d	R_c	h/d	R_c
9.90	0.0006	6.60	0.0021	3.30	0.0163	1.80	0.0870	1.47	0.1461	1.14	0.2675
9.80	0.0007	6.50	0.0022	3.20	0.0178	1.79	0.0883	1.46	0.1486	1.13	0.2729
9.70	0.0007	6.40	0.0023	3.10	0.0195	1.78	0.0896	1.45	0.1511	1.12	0.2784
9.60	0.0007	6.30	0.0025	3.00	0.0214	1.77	0.0909	1.44	0.1537	1.11	0.2841
9.50	0.0007	6.20	0.0026	2.90	0.0235	1.76	0.0923	1.43	0.1564	1.10	0.2899
9.40	0.0007	6.10	0.0027	2.80	0.0260	1.75	0.0937	1.42	0.1591	1.09	0.2959
9.30	0.0008	6.00	0.0028	2.70	0.0288	1.74	0.0951	1.41	0.1619	1.08	0.3020
9.20	0.0008	5.90	0.0030	2.60	0.0320	1.73	0.0965	1.40	0.1647	1.07	0.3083
9.10	0.0008	5.80	0.0031	2.50	0.0357	1.72	0.0980	1.39	0.1676	1.06	0.3147
9.00	0.0008	5.70	0.0033	2.40	0.0400	1.71	0.0995	1.38	0.1706	1.05	0.3213
8.90	0.0009	5.60	0.0035	2.30	0.0450	1.70	0.1010	1.37	0.1737	1.04	0.3281
8.80	0.0009	5.50	0.0037	2.20	0.0508	1.69	0.1026	1.36	0.1768	1.03	0.3351
8.70	0.0009	5.40	0.0039	2.10	0.0577	1.68	0.1041	1.35	0.1800	1.02	0.3422
8.60	0.0010	5.30	0.0041	2.00	0.0658	1.67	0.1058	1.34	0.1832	1.01	0.3496
8.50	0.0010	5.20	0.0043	1.99	0.0667	1.66	0.1074	1.33	0.1866	1.00	0.3571
8.40	0.0010	5.10	0.0046	1.98	0.0676	1.65	0.1091	1.32	0.1900	0.99	0.3649
8.30	0.0011	5.00	0.0049	1.97	0.0685	1.64	0.1108	1.31	0.1935	0.98	0.3729
8.20	0.0012	4.90	0.0052	1.96	0.0694	1.63	0.1125	1.30	0.1970	0.97	0.3811
8.10	0.0012	4.80	0.0055	1.95	0.0704	1.62	0.1143	1.29	0.2007	0.96	0.3895
8.00	0.0012	4.70	0.0058	1.94	0.0714	1.61	0.1162	1.28	0.2044	0.95	0.3981
7.90	0.0013	4.60	0.0062	1.93	0.0724	1.60	0.1180	1.27	0.2083	0.94	0.4070
7.80	0.0013	4.50	0.0066	1.92	0.0734	1.59	0.1199	1.26	0.2122	0.93	0.4162
7.70	0.0014	4.40	0.0071	1.91	0.0744	1.58	0.1218	1.25	0.2162	0.92	0.4255
7.60	0.0014	4.30	0.0076	1.90	0.0754	1.57	0.1238	1.24	0.2203	0.91	0.4352
7.50	0.0015	4.20	0.0081	1.89	0.0765	1.56	0.1258	1.23	0.2245	0.90	0.4452
7.40	0.0015	4.10	0.0087	1.88	0.0776	1.55	0.1279	1.22	0.2289	0.89	0.4554
7.30	0.0016	4.00	0.0093	1.87	0.0787	1.54	0.1300	1.21	0.2333	0.88	0.4659
7.20	0.0017	3.90	0.0100	1.86	0.0798	1.53	0.1322	1.20	0.2378	0.87	0.4767
7.10	0.0017	3.80	0.0108	1.85	0.0810	1.52	0.1344	1.19	0.2425	0.86	0.4899
7.00	0.0018	3.70	0.0117	1.84	0.0821	1.51	0.1366	1.18	0.2472	0.85	0.4994
6.90	0.0019	3.60	0.0127	1.83	0.0833	1.50	0.1389	1.17	0.2521	0.84	0.5112
6.80	0.0020	3.50	0.0137	1.82	0.0845	1.49	0.1412	1.16	0.2571	0.83	0.5233
6.70	0.0020	3.40	0.0149	1.81	0.0858	1.48	0.1436	1.15	0.2622	0.82	0.5359

续表

h/d	R_c	h/d	R_c	h/d	R_c	h/d	R_c	h/d	R_c	h/d	R_c
0.81	0.5488	0.67	0.7781	0.53	1.1439	0.39	1.7765	0.25	3.0769	0.155	5.2095
0.80	0.5621	0.66	0.7987	0.52	1.1779	0.38	1.8380	0.24	3.2246	0.150	5.3937
0.79	0.5758	0.65	0.8201	0.51	1.2132	0.37	1.9098	0.23	3.3845	0.145	5.5904
0.78	0.5899	0.64	0.8422	0.50	1.2500	0.36	1.9738	0.22	3.5583	0.140	5.8008
0.77	0.6044	0.63	0.8650	0.49	1.2883	0.35	2.0467	0.21	3.7479	0.135	6.0261
0.76	0.6194	0.62	0.8886	0.48	1.3281	0.34	2.1237	0.20	3.9557	0.130	6.2696
0.75	0.6349	0.61	0.9131	0.47	1.3696	0.33	2.2051	0.195	4.0673	0.125	6.5306
0.74	0.6509	0.60	0.9384	0.46	1.4130	0.32	2.2913	0.190	4.1845	0.120	6.8136
0.73	0.6674	0.59	0.9647	0.45	1.4582	0.31	2.3828	0.185	4.3079	0.115	7.1208
0.72	0.6844	0.58	0.9919	0.44	1.5054	0.30	2.4802	0.180	4.4379	0.110	7.4555
0.71	0.7019	0.57	1.0201	0.43	1.5547	0.29	2.5838	0.175	4.5751	0.105	7.8215
0.70	0.7200	0.56	1.0493	0.42	1.6063	0.28	2.6945	0.170	4.7201	0.100	8.2237
0.69	0.7388	0.55	1.0797	0.41	1.6604	0.27	2.8130	0.165	4.8736		
0.68	0.7581	0.54	1.1112	0.40	1.7170	0.26	0.9401	0.160	5.0364		

表 C.3 固定砌体墙的刚度系数

h/d	R_f	h/d	R_f	h/d	R_f	h/d	R_f	h/d	R_f	h/d	R_f
9.90	0.0025	8.20	0.0043	6.50	0.0085	4.80	0.0200	3.10	0.0640	1.94	0.1905
9.80	0.0026	8.10	0.0045	6.40	0.0089	4.70	0.0212	3.00	0.0694	1.93	0.1926
9.70	0.0027	8.00	0.0047	6.30	0.0093	4.60	0.0225	2.90	0.0756	1.92	0.1947
9.60	0.0027	7.90	0.0048	6.20	0.0097	4.50	0.0239	2.80	0.0824	1.91	0.1969
9.50	0.0028	7.80	0.0050	6.10	0.0102	4.40	0.0254	2.70	0.0900	1.90	0.1991
9.40	0.0029	7.70	0.0052	6.00	0.0107	4.30	0.0271	2.60	0.0985	1.89	0.2013
9.30	0.0030	7.60	0.0054	5.90	0.0112	4.20	0.0288	2.50	0.1081	1.88	0.2035
9.20	0.0031	7.50	0.0056	5.80	0.0118	4.10	0.0308	2.40	0.1189	1.87	0.2058
9.10	0.0032	7.40	0.0058	5.70	0.0124	4.00	0.0329	2.30	0.1311	1.86	0.2081
9.00	0.0033	7.30	0.0061	5.60	0.0130	3.90	0.0352	2.20	0.1449	1.85	0.2104
8.90	0.0034	7.20	0.0063	5.50	0.0137	3.80	0.0377	2.10	0.1607	1.84	0.2128
8.80	0.0035	7.10	0.0065	5.40	0.0144	3.70	0.0405	2.00	0.1786	1.83	0.2152
8.70	0.0037	7.00	0.0069	5.30	0.0152	3.60	0.0435	1.99	0.1805	1.82	0.2176
8.60	0.0038	6.90	0.0072	5.20	0.1060	3.50	0.0468	1.98	0.1824	1.81	0.2201
8.50	0.0039	6.80	0.0075	5.10	0.0169	3.40	0.0505	1.97	0.1844	1.80	0.2226
8.40	0.0040	6.70	0.0078	5.00	0.0179	3.30	0.0545	1.96	0.1864	1.79	0.2251
8.30	0.0042	6.60	0.0081	4.90	0.0189	3.20	0.0590	1.95	0.1885	1.78	0.2277

h/d	R_f	h/d	R_f	h/d	R_f	h/d	R_f	h/d	R_f	h/d	R_f
1.77	0.2303	1.47	0.3295	1.17	0.4891	0.87	0.7649	0.57	1.319	0.27	3.013
1.76	0.2330	1.46	0.3337	1.16	0.4959	0.86	0.7773	0.56	1.347	0.26	3.135
1.75	0.2356	1.45	0.3379	1.15	0.5029	0.85	0.7901	0.55	1.376	0.25	3.265
1.74	0.2384	1.44	0.3422	1.14	0.5100	0.84	0.8031	0.54	1.407	0.24	3.407
1.73	0.2411	1.43	0.3465	1.13	0.5173	0.83	0.8165	0.53	1.438	0.23	3.560
1.72	0.2439	1.42	0.3510	1.12	0.5247	0.82	0.8302	0.52	1.470	0.22	3.728
1.71	0.2468	1.41	0.3555	1.11	0.5322	0.81	0.8442	0.51	1.504	0.21	3.911
1.70	0.2497	1.40	0.3600	1.10	0.5398	0.80	0.8585	0.50	1.539	0.20	4.112
1.69	0.2526	1.39	0.3647	1.09	0.5476	0.79	0.873	0.49	1.575	0.195	4.220
1.68	0.2556	1.38	0.3694	1.08	0.5556	0.78	0.888	0.48	1.612	0.190	4.334
1.67	0.2586	1.37	0.3742	1.07	0.5637	0.77	0.904	0.47	1.651	0.185	4.454
1.66	0.2617	1.36	0.3790	1.06	0.5719	0.76	0.920	0.46	1.692	0.180	4.580
1.65	0.2648	1.35	0.3840	1.05	0.5804	0.75	0.936	0.45	1.736	0.175	4.714
1.64	0.2679	1.34	0.3890	1.04	0.5889	0.74	0.952	0.44	1.779	0.170	4.855
1.63	0.2711	1.33	0.3942	1.03	0.5977	0.73	0.969	0.43	1.825	0.165	5.005
1.62	0.2744	1.32	0.3994	1.02	0.6066	0.72	0.987	0.42	1.874	0.160	4.164
1.61	0.2777	1.31	0.4047	1.01	0.6157	0.71	1.005	0.41	1.924	0.155	5.334
1.60	0.2811	1.30	0.4100	1.00	0.6250	0.70	1.023	0.40	1.978	0.150	5.514
1.59	0.2844	1.29	0.4155	0.99	0.6344	0.69	1.042	0.39	2.034	0.145	5.707
1.58	0.2879	1.28	0.4211	0.98	0.6441	0.68	1.062	0.38	2.092	0.140	5.914
1.57	0.2914	1.27	0.4267	0.97	0.6540	0.67	1.082	0.37	2.154	0.135	6.136
1.56	0.2949	1.26	0.4324	0.96	0.6641	0.66	1.103	0.36	2.219	0.130	36.374
1.55	0.2985	1.25	0.4384	0.95	0.6743	0.65	1.124	0.35	2.287	0.125	6.632
1.54	0.3022	1.24	0.4443	0.94	0.6848	0.64	1.146	0.34	2.360	0.120	6.911
1.53	0.3059	1.23	0.4504	0.93	0.6955	0.63	1.168	0.33	2.437	0.115	7.215
1.52	0.3097	1.22	0.4566	0.92	0.7065	0.62	1.191	0.32	2.518	0.110	7.545
1.51	0.3136	1.21	0.4628	0.91	0.7177	0.61	1.216	0.31	2.605	0.105	7.908
1.50	0.3175	1.20	0.4692	0.90	0.7291	0.60	1.240	0.30	2.697	0.100	8.306
1.49	0.3214	1.19	0.4757	0.89	0.7407	0.59	1.266	0.29	2.795		
1.48	0.3245	1.18	0.4823	0.88	0.7527	0.58	1.292	0.28	2.900		

术 语 表

该术语表包含了很多与砌体和混凝土建造有关的条目。它也包含了本书中使用的关于结构设计与计算的常见的术语。

吸水性　在室温下，将砌块浸入水中过了一段规定时间时，砌块的吸水的数量。它表示为干燥砌块重量的百分比，或是混凝土砌块净体积中每立方英尺水的磅数。

黏结　砂浆和灰浆与砌体结构之间的黏结作用（结构的一个重要需求）。

混合物　添加到水泥、骨料和水中的材料，例如防水剂、加气剂、增塑剂、染色剂以及加速或减慢初始硬化作用的材料。

土坯砖　采用未经焙烧的黏土砌块建造。

骨料　不流动的颗粒，例如砂、石或岩石，它们与波特兰水泥以及水混合形成混凝土。

锚固螺栓　为了固定混凝土或砌体中的某些东西的螺栓。

锚固箍筋　用来将砌体固定在稳定位置；例如锚固到另一片墙体，通常用来起拉结作用。

锚固　为了抵抗移动而使用的固定；通常的移动有上提、倾覆、滑移或水平分离的结果。拴紧、握紧，设计用于抵抗上提、倾覆作用。可靠的锚固是直接锚固到不容易松动的物体上。

面积，总的横截面面积　考虑的平面内，由砌体的外部尺寸所定义的面积。

面积，净横截面面积　考虑的平面内，基于外部尺寸中能铺砌砂浆的砌体面积。

ASTM　美国试验与材料协会。

回填　用土或土质的材料填充基础旁边挖掘的坑：在基础旁边填土的行为。

承重基础　通过直接作用的竖向接触压力，将荷载传递给地基。通常涉及到浅的承重基础——即直接将基础放在建筑物最低部分的下方。

承重墙　任何砌体墙，每英尺的长度上能承受200lb以上的双向荷载，或是承受本层以上的砌体墙重。

坐浆缝　砂浆水平层，其上可以铺砌砌块。

排架　一个平面的框架，或设计用以抵抗框架平面内的竖向和水平荷载的一部分。

BOCA　国际建筑官员和规范管理者组织，一个出版建筑规范范本的组织。

普通砌合　连续层中，各层中的每个砌块的半块相互重叠起来，又称为半砌合。

　　机械砌合　连续的层中，各层中的每个砌块的部分相互重叠起来，包括 1/4 砌合、1/3 砌合和半砌合。

　　错缝砌合　各砌块在连续的层中以竖向灰缝搭接。竖向灰缝对中上层和下层砌块中心，又称为中心砌合或半砌合，重叠 1/3 或 1/4 的分别称为 1/3 砌合或 1/4 砌合。

　　通缝砌合　砌块与上层或下层均无搭接的一种砌合形式，而是所有的端缝形成一条连续的竖线，又称为垂缝砌合、直线砌合、端接砌合、端对端砌合和棋盘式砌合。

　　组合梁　一个或多个砌块层浇灌成实心并配有纵向钢筋。

　　脆性断裂　受拉或受剪时发生的突然的极限破坏。也称为脆性材料的基本结构性能。

　　屈曲变形　倒塌，主要为细长构件承受压力时，突然发生向一边的变形。

　　盖板　砌体墙体或墙段上铺砌的砌块。盖板由金属块形成时，可作挡雨板。

　　夹层墙　由两片以上的砌块墙层构成的墙体，墙内砌块排列有序以提供墙体内部的一个连续空间。墙层的外部，即表面和背面墙层由不易腐蚀的拉结件（如砖块或钢丝）拉结成一个整体。

　　大孔（核心）　混凝土砌块中，用模具制作的较大空间。

　　质心　物体的几何中心，通常类似于重心。当考虑物体的弯矩作用时，将物体的整个质量集中加在这一点上。

　　凹槽　墙体内的连续砌成的凹陷部分，用来容纳管道，导管以及类似的东西。

　　清渣孔　大孔底部的一个检查孔，用来清除碎片和检查钢筋。最小的尺寸不能少于"2 * 3"。

　　柱子　独立的竖向构件，垂直于厚度方向测得的水平尺寸不超过厚度的三倍，柱的高度至少为厚度的三倍。

　　组合作用　所设计构件各部分之间的应力传递，使各组成部分共同工作以抵抗荷载作用。

　　组合墙体　配筋并灌浆的砌体墙，内部和外部的墙层采用不同的材料（如，砌块和砖块组合，砌块和抛光结构砌块组合，等等）。

　　混凝土砌块（CMU）：

　　A 形砌块　一种两孔空心砌块，一端封闭，另一端开口，又称为端开口砌块。

　　组合梁砌块　一种空心块材，部分凹陷 $1\frac{1}{4}$ in（31.25mm）或更多，以形成利于水平钢筋布置和灌浆的连续槽。

　　槽形砌块　一种空心块材，部分凹陷少于 $1\frac{1}{4}$ in（31.25mm），以形成一个利于钢筋布置和灌浆的连续槽。

　　混凝土砌块　一种混凝土的空心砌块，由波特兰水泥与合适的骨料，以及有否其他的材料制成。

　　混凝土砖块　一种混凝土的实心砌块，由波特兰水泥与合适的骨料，以及有否其他的材料制成。

　　H 形砌块　一种两端开口的空心块材，又称为两端开口砌块。

　　拐角混凝土砌块　一种形状不是矩形的砌块。

　　端开口的砌块　与用于 H 形砌块与 A 形砌块的术语相同。

壁柱砌块 设计用于建造无筋混凝土砌体或配筋混凝土砌体的壁柱，或柱子的混凝土砌块。

倒 L 形砌块 设计用于建造满足各种墙厚拐角的混凝土砌块。

窗框砌块 末端有狭槽的混凝土砌块，狭槽用来放金属窗框和预塑缝材料。

刻痕砌块 带凹槽能提供图案的砌块，如模拟捋缝的砌块。

雕刻砌块 表面经过雕刻的特殊形状的砌块。

阴影砌块 位面形成表面图案的砌块。

基石砌块 用于基石或开洞口处的实心混凝土砌块。

塌陷砌块 凝固之前，产生不规则塌陷的混凝土砌块。

实心砌块 孔洞率小于 25％ 的砌块。

裂面混凝土砌块 用于建造砌体墙体中，有一个或多个开裂表面的混凝土砌块。

连接件 用于固定两个或多个各部分的一种机械装置，包括锚固，墙体拉结筋和扣件。

连续性 常用来描述结构或结构中的部分，连续相邻构件中具有的单个集成的影响特性，这些构件包括连续的竖向多层柱，连续的多跨梁和连续的刚性框架。

控制缝 设计用于结构或构件中人为造成的线形不连续的缝，在这些地方受各种力作用时出现相应的裂缝，形成薄弱平面，控制缝可以减少或消除结构中的开裂。

压顶 在砌体墙、墙段、壁柱的顶部形成盖顶或面层所用的材料。

梁托 相邻的砌层从连续的砌层墙面伸出，构成的壁架或肋板。

核心 见大孔（核心）。

层 砌体结构中连续水平的砌层。

徐变 一些材料如混凝土和铅，承受长期不变的应力时，随时间的增加产生的塑性变形。

养护 结硬初期，维持形成所需的强度，降低混凝土产品的收缩的合适温度和湿度条件。

幕墙 完全由框架支撑承重荷载，但不包括自身荷载的建筑物外墙。

恒载 见荷载。

深基础 地表以下，用来实现支撑结构较大的承重效应的基础，常用的构件为桩或墩。

横隔板 用来抵抗自身平面内的跨越或悬臂作用力的表面构件（面板，墙体，等等）。见水平隔板和剪力墙。

插筋 用钢材或木材制作的短的圆柱形的销钉，从基础中伸出来并与柱或墙相搭接的钢筋。

干燥缝 无砂浆的竖缝或水平缝。

延性 描述材料或连接件的塑性屈服引起的随着荷载-变形特性，破坏之前的塑性变形应该远大于塑性屈服之前的弹性变形。

风化 砌体或混凝土结构表面的粉末状的沉积物，由于化学盐的浸滤引起，这些盐是有从结构内部流到表面的水带来的。

伸缩缝 考虑到由于温度应力，材料收缩，或基础沉降而引起的位移，通过把基础，框架，和已竣工的建筑物分隔。

f'_m 砌体的抗压强度，是由极限荷载除以测试中的砌体棱柱体的净面积，计算得到的抗压强度，也可以采用总面积来确定砌体的 f'_m。

面墙 墙体的表面和背面都砌合，以便与其他构件黏结或拉结，形成组合构件起作用。

面砖 用于墙体外露表面上使用的砖，选择的因素主要考虑建筑物的外观和耐久性。

侧壁 空心混凝土砌体块材的侧面。

饰面 任何材料可形成承重墙体的部分，也可用作建筑物的外表面层（不承受荷载或仅承受自重的饰面）。

檐口板 檐口外饰面构件平板。

断火端 木梁或托梁伸入砌体墙上的倾斜的削端，设置断火端的目的是如果楼盖或屋盖结构着火，允许木质构件在墙外转动，而不撬动墙。

耐火性 在缺乏权威定义情况下，耐火性术语适于所有在燃火温度下不易燃烧的建筑材料，并且能耐火至少 1h，甚至 2h、3h、4h，而不严重损害材料的使用。

防火墙 任何能分隔建筑物的墙体，能阻止火灾的蔓延。

泛水 一种薄的连续介质材料，可以由金属、塑料、橡胶材料或防水纸做成，用来防止水穿过墙体、屋盖或烟囱的灰缝或空隙渗透。

基础 一种狭窄的承重基础构件，通常为事先挖好的坑内的混凝土构件。

钉板条 固定在砌体或混凝土墙上的一段木头或金属条，通过它允许用钉子或螺丝将饰面材料固在墙上。

标高/级别 ① 地面标高；② 评定材料质量等级。

地基梁 基础体系中的水平构件，提供跨度或分配荷载的功能。

总受压强度 基于总横截面面积的抗压强度，单位为磅每平方英尺（psi）。

总横截面面积 见面积。

灌浆 砂、石、水和水泥的混凝土拌和物，有时候灌入或用泵打入建筑物的孔洞中，灌浆可以包裹置于其中的钢筋，并能提高空心墙体的耐火等级。

顶梁 墙体洞口上方，或者屋盖或楼盖洞口边缘的水平构件。

端缝 砌块端头间的竖向砂浆缝，有时也称为垂直接缝。

空心砌块 任何平行于承重截面的平面内，净横截面面积小于同一个平面内总横截面面积 75% 的砌块。

水平隔板 见隔板。通常用于侧向支撑体系的部分结构，屋盖或楼盖板。

ICBO 国际建筑管理人员大会。

不透水性 抵抗湿气渗透的特性。

灰缝钢筋 钢丝、钢筋或放置在砂浆缝预制钢筋。

核心界限 避免压力偏心产生拉应力的限制尺寸。

侧向 意思是一边或另一边，有时用于垂直于主轴方向，或与重力方向垂直的风、地震以及水平土压力都称为侧向效应。

侧向力 一般指作用在水平方向的力，如风、地震或作用于基础墙上的土压力。

过梁 放置在墙体洞口上方的梁。

活荷载 见荷载。

荷载 施加在结构上的作用力（或是组合作用的力）。

恒载 由于重力（包括结构自身重量）的永久荷载。

活荷载 任何非永久性荷载，包括风，地震效应，温度变化或收缩，但是这个术语经常用在重力非永久性的情况下。

荷载系数 用于强度设计中，使用的多个荷载乘以提高系数。

使用荷载 结构承受总的组合荷载，结构使用中能根据使用功能预先估计的荷载。

承重墙 除了支撑自重外，还要支撑其上建筑物的任何重量。

砌工 用砖块、石头、混凝土砌块建造房子的人；与混凝土打交道的人。

砌体 由建筑块材如砖块、石块、混凝土砌块等建造的结构。

砌块 砂浆层中铺砌的砖块、石块、混凝土砌块、玻璃砌块或黏土空心砖。

饰面砌体 通常用于木制或金属框架表面的单层砌体墙层。

模数 符合固定的尺寸的倍数。

模数尺寸 符合给定模数的尺寸，如混凝土砌块的情况下通常 8in（0.2m）为模数尺寸。

模数砌块 砌块实际尺寸比模数尺寸小一个砂浆缝厚度的砌块，即考虑 3/8in（9.4mm）的砂浆缝时，尺寸为 8in×8in×16in（0.2m×0.2m×0.4m）的砌块，实际尺寸为 $7\frac{5}{8}$in×$7\frac{5}{8}$in×$15\frac{5}{8}$in（0.19m×0.19m×0.39m）。

防潮层 用于防止液体或水通过地面或墙体渗透的薄膜层。

砂浆 水泥胶凝材料、细骨料和水拌和而成的塑性混合物，是否添加其他特定材料均可。

黏稠砂浆 非常黏性的砂浆，容易粘附于泥铲上。

干硬性砂浆 塑性变形能力较差的砂浆，很难扩散。

贫砂浆 缺少水泥等胶凝材料拌和的砂浆，干硬且很难铺开。

NCMA 国家混凝土砌体协会。

净横截面面积 见面积。

名义尺寸 随砂浆缝的厚度而变化的尺寸，不大于 1/2ft（对于一些塌落块为 3/4～7/8ft）。混凝土砌体中实际尺寸为 3/8 或 1/2ft，小于名义尺寸。

倾覆 由于侧向荷载的效应引起的倾倒或翻倒。

女儿墙 外墙的平面的延伸，或屋盖上屋顶周边的墙面。

隔墙 内部不承重的墙体。

支墩 短的墙墩或竖直的抗压构件。它实际上是无支撑高度与截面短边的比不大于 3 倍的短柱。

渗透性 允许流通过的特性。

壁柱 与墙形成整体，从墙体的一面或两面突出来的部分，相当于建筑特征的竖向梁，或柱，具有复合作用。

勾缝　砌块铺置后铲灰入缝。

浇筑　连续浇筑混凝土。

预制混凝土　结构施工现场之前，在其他地点进行的混凝土的浇筑和构件养护。

棱柱体　用砂浆将块材黏合成整体，一般采用通缝砌合，形成类似于"墙体"组件，根据说明要求使用或不用灌浆。这是确定 f'_m 的标准试件。

钢筋　用于加强混凝土或砌体结构的各种尺寸和形状的钢筋。

配筋混凝土空心砌体　钢筋置于砂浆或灌浆包围中的砌体结构。

挡土墙　垂直地表高度上的支撑或变化的结构。通常用来指悬臂挡土墙，即仅由墙和它的基础构成的独立结构，尽管底层墙也提供挡土墙的作用。

丁砖砌　将砖块顺着表面的边缘铺砌，使砖块的顶端正好位于墙体的可视面，有时叫做圆端丁砖。

错缝砌合　见砌合。

截面　一个平面的二维轮廓或面积，横截面表示与另一个截面或建筑轴线垂直的截面。

地震　与地面振动有关，通常由地震引起。

剪力墙　竖向隔板。

长细比　相对细薄度。长细比过大且缺乏支撑的结构会产生较大的变形弯曲。

跨度　梁、主梁、桁架、圆屋顶、拱或其他的水平结构构件间的距离，并承受支撑间的荷载。

下端面　梁、托梁、框边或悬挂于屋盖的下部。

立砌砖　顺砖，表面置于墙体的正表面。

侧墙　窗的上部与窗台之间的部分墙体。

规定抗压强度　见 f'_m。

稳定性　结构形成抵抗力的固有能力，这种能力与结构的形状、方位、各部分的清晰度、连接件类型和支撑的方法等特性有关。除了结构构件的屈曲变形的情况，一般与强度或刚度没有直接关系。

通缝砌合　见砌合。

顺砖　砌块的长边水平并与墙体的表面平行摆放。

抹灰　用波特兰水泥灰膏材料做外部覆盖或饰边。

压缝　使用一种特殊的工具，但不是铲子，压制而形成砂浆缝的表面，又称为勾缝。

装饰勾缝　用新鲜的砂浆填满砌体中的孔洞或不完善的砂浆缝。

UBC　《统一建筑规范》。

极限强度　通常用来指结构破坏时的最大静抗力，这个极限应力是强度设计方法的基础。与应力极限的容许应力设计方法相比，称为设计应力、工作应力和容许应力。

无配筋　建造的时候不配钢筋或焊接钢丝。

饰面　固定在背砌的砌体面层上，但不承受荷载，不同于一般的墙体表面。

墙　竖向平面的建筑构件。

承重墙　用于承受竖向荷载并直接受压的墙。

基础墙 部分或全部位于地面以下的墙。

悬臂式墙 顶部没有侧向支撑的墙。

地基墙 用来实现地上的建筑物与地下的基础之间传递的墙；地基是指建筑物边缘地面上的部分。

挡土墙 抵抗水平土压力的墙体。

剪力墙 在抵抗由于风，或地震晃动引起的水平力作用中支撑建筑物的墙体。

墙层 有一定厚度的，砌体结构中的单砌的竖向截面。

学 习 指 南

这部分为读者提供了一个对于本书讲述内容和技巧理解程度的测试手段。在每章结束的时候，读者必须学习这部分，以利于发现自己已经掌握了哪些内容。这部分的末尾给出了这些问题的答案。

词和术语

使用术语表以及每一章所述的内容，回顾下列术语的含义，明确它们的意思以及简单的释义。

第0章

砌体
砌体结构
砂浆
混凝土砌块
配筋砌体
无筋砌体
加强
过梁
壁柱
建筑规范

第1章

砌块
平砌层
立砌墙层
实心砌体建筑物
空腔墙
灌芯空腔墙

丁砖
灰缝配筋
烧结黏土
砂浆的种类：M，S，N
标准变形钢筋
控制缝
粗糙外表

第2章

砌体饰面
最小构造
砌体抗压强度 f'_m
容许应力
配筋一般含义

第3章

土坯
耐火砖
面砖
建筑用砖
砖表面
顺砌
丁砖
砌合
竖砌砖
立砌砖

砌筑方式：错缝砌合，机械砌合，英式砌
合，梅花丁式砌合，通缝砌合

涂抹过的灰缝

墩墙

柱子

基座

横截面面积：总面积，净面积

墙：承重墙，剪力墙，独立式墙，挡土墙，
坡度墙

长细比（墙或柱）

承重基础

耐火切削末端（梁）

第 4 章

圈梁

剪力键（挡土墙）

倾覆（剪力墙，挡土墙）

隔板作用

箱型体系

系紧

墩墙的相对刚度

第 5 章

毛石石方工程

琢石石方工程

基层石方工程

乱石石方工程

第 6 章

土坯砖

夯实土构造

玻璃块

黏土瓦

建筑用赤陶

第 7 章

热桥

日常温度波动

热惰性效应（大块建筑的）

第 8 章

恒荷载

活荷载

蓄水

荷载持续时间

活荷载折减

荷载组合

侧向荷载

基本风速

静止风压

设计风压

突出面积法（风）

正交力法（风）

侧移

系统整体性

第 9 章

核心支撑体系

周边支撑体系

附录 A

柱的长细比（参考：基本性能）

短柱

长柱

欧拉变形曲线

有效变形长度

柱的相互作用

$P-\Delta$ 效应

等效偏心压力

核心界限

开裂截面

压力楔块法

复合构件

附录 B

配受拉钢筋构件的有效高度

平衡截面

矩形箍筋柱

螺旋箍筋柱

保护层

弹性模量比

一般问题

第0章

1. 古代砌体外墙与现代砌体外墙的建造有很大不同，它们的结构发展情况如何？
2. 砌体结构的受大众喜爱的非结构的特性是什么？
3. 什么是砌体结构？
4. 在现代，什么构件是砌体结构的主要构件？
5. 古代砌体建筑主要采用石砌体。现代结构砌体主要采用什么材料的砌块？
6. 使用"配筋砌体"这个术语，通常意味着什么？
7. 砌体行业中存在很多各种组织机构的原因是什么？
8. 地方性的建筑规范与砌体建筑的标准有些不同，但它们正在努力接近而不是偏离。影响它们之间基本异同点的因素是什么？

第1章

1. 什么是砌块？
2. 美国的砌体结构中应用最广泛的砌块的形式是什么？
3. 什么是多墙层？
4. 砌体建造中，丁砖砌块的基本功能是什么？
5. 砌块表面的建筑功能重要性是什么？
6. 不同形式的混凝土砌块常常用于建造配筋和无筋砌体，其主要原因是什么？

第2章

1. 砌体有时也会不考虑结构用途承担结构方面的职责，基本的原因是什么？
2. "最低构造"这个术语的意思是什么？
3. 通常测量砌体的强度时有哪些基本应力？
4. 除了插入钢筋以外，还有哪些方法可以

增强砌体墙？
5. 与配筋砌体构造相反，为什么对无筋砌体的质量要求会更高？
6. 预制混凝土空心砌块的配筋砌体建筑中，砌体结构基本形式中有哪些属于二次构造？

第3章

1. "建筑砖"的基本用途是什么？
2. 砖砌建筑中，长期采用普通砖墙面排列的砌合方式，而现在砌块建筑中多墙层的砌合方式却很少采用砌块，能取而代之的是什么？
3. 涂抹灰缝的作用是什么？
4. 区分墙和墙段的尺寸比是什么？区分柱和基座？
5. 为了抵抗竖向荷载，砌体墙是典型的承重墙，但常常兼顾提供其他的结构功能。描述这些其他的功能。
6. 对于承重墙，荷载集中作用于墙上，主要考虑哪些因素？
7. 砌体墙内梁上设置的断火端的主要作用是什么？
8. 壁柱通常用来承受墙上的集中荷载，作为墙，它们还有哪些作用？
9. 拱形结构除了抵抗竖向荷载外，还需要支撑哪些基本形式的力？

第4章

1. 当前广泛采用混凝土砌块建造砌体结构，其主要的原因是什么？
2. 主要采用混凝土砌块的墙，砌块表面的两种排列图案是什么？
3. 墙体建筑中，混凝土砌块的名义尺寸的来源是什么？
4. 墙的总截面面积与净截面面积之间的区别是什么？当考虑净截面面积时，墙的哪些基本特性会受影响？
5. 关于墙的基本构造，采用混凝土砌块建

造时，可以利用哪些增强措施？

6. 配筋砌体结构中，采用大孔洞混凝土砌块的基本用途是什么？

7. 用混凝土砌块建造的配筋砌体结构，建筑规范提出了一个最低构造形式的要求。如要超越这种最低结构水准来提高墙的强度，有哪些途径？

8. 荷载超重将如何影响基础墙？

9. 如果要在混凝土砌块建造的基础墙孔洞中，布置单根竖向钢筋，这根钢筋的理想位置在哪里？

10. 基础墙外面土壤中聚集的水除了泄露进基础的孔洞之外，还会产生哪些对基础不利的作用？

11. 悬臂挡土墙的基础中设置剪力键的基本作用是什么？

12. 悬臂挡土墙基础，保持荷载作用于基础底部的核心界限内的重要意义是什么？

13. 隔板支撑体系形成的主要结构抵抗力形式是什么？

14. 通常用于抵抗剪力墙倾覆的方法有哪些？

15. 当由很多剪力墙墙段分配一个侧向荷载时，墙段相对刚度的重要性是什么？

16. 限制基座最大高度和最小高度的原因是什么？

第5章

1. 毛石砌体结构中通常受欢迎的石块形状是什么？

2. 区分基石砌体和乱石砌体的主要因素是什么？

3. 为实现石砌体的基本稳定性，为什么不应该使用砂浆？

第6章

1. 传统的土坯建筑中，普通砂浆的用途是什么？

2. 对于土坯砖的宽度，通常应该考虑什么？

第7章

1. 在美国，砌体结构的形式与特定的区域面积紧密联系在一起，原因是什么？

2. 对于砌体结构建筑，通常选择特殊砌体形式的主要影响因素有哪些？

3. 对于砌体外墙，什么样的气候条件下隔热是必不可少的？

4. 砌体墙建造中，空腔对热环境的增强起了什么样的作用？

5. 建筑中为控制室内温度条件，砌体墙质量的潜在用途是什么？

第8章

1. 结构设计中分别计算荷载与活荷载的原因是什么？

2. 通常进行活荷载折减的基本因素是什么？

3. 房屋设计中，为什么风荷载和地震荷载这些侧向荷载的效应比竖向荷载更重要？

4. 为什么风压在高层建筑物上较大？

5. 建筑规划中对采用混凝土砌块建造的房屋通常有什么基本尺寸限制？

习题

第3章

1. 某实心砖墙建筑，无筋实心砌体，墙厚 13in，墙的无支撑高度为 16ft，墙体强度 $f'_m = 2000$psi（13.8MPa），墙承受大小为 4000lb/ft（59.3kN/m）的均布荷载，材料的平均重量为 145lb/ft³（23.9kN/m³），计算墙体的受压。

2. 假设题 1 中的墙承受梁的端传来集中荷载，其大小为 30000lb（133.4kN），梁搁在设计尺寸为 18in（0.45m）×10in（0.25m）

的支承平台上,平台放置在墙平面的中部,计算处于受压承重状态的墙。

3. 假设题 1 中的墙外表面承受已知的竖向荷载以及风压为 35psf (1.7kPa) 的侧向荷载作用,墙沿竖向为简支梁,计算组合荷载情况。

4. 假设题 2 中的荷载距墙中心的距离为 1.5in (0.0375m),计算压弯组合情况。

5. 墙体的情况如题 4,但考虑墙体的中部设置钢筋,钢筋的容许应力为 20ksi (137.9MPa),钢筋用予抵抗弯矩产生的拉力,求所需钢筋的总截面面积。

第 4 章

1. 某混凝土砌块砌体墙,高 14ft (4.2m),承受均布荷载为 4000lb/ft (59.3kN/m)。砌块的名义厚度为 10in,强度为 f'_m =1500psi (10.3MPa),采用 S 型砂浆砌筑,假设混凝土砌块的密度为 100lb/ft³ (16.5kN/m³),平均孔洞率为 50%,计算该墙体的压应力。

2. 假设题 1 中的墙,承受大小为 20000lb (89.0kN),距中心为 6ft (1.8m) 的集中荷载作用,通过一个长 14in (4.2m) × 宽 8in (0.2m) 的承重平台将荷载传递到墙中心部分,计算该无筋砌体的承压。

3. 计算题 2 中的墙,荷载条件为压力和弯矩组合作用,由作用于距墙中部 3in (0.075m) 的荷载引起。

4. 假设题 3 中的墙体为配筋砌体,使用钢筋的容许应力为 f_s =20ksi (137.9MPa),荷载所处位置有三个孔洞作了灌芯处理,钢筋布置在墙体中部,确定所需钢筋面积,并计算该砌体中的压力。

5. 假设题 1 中的墙,承受已知竖向荷载以及大小为 25psf (1.2kPa) 的风压,按下列情况计算该墙体:
   (1) 作为无筋砌体墙。

   (2) 作为具有最低竖向钢筋的配筋砌体墙。

6. 如图 4.7 所示建造的基础墙,采用的砌块尺寸为 12in (0.3m),密度为 140lb/ft³ (23.1kN/m³),强度 f'_m = 1500psi (10.3MPa),孔洞率 50%,墙体高度 12ft (3.6m),承受土压力为 35psf (1.7kPa),计算该配筋砌体墙。

7. 如图 4.10 所示的短悬臂挡土墙,采用的混凝土砌块为 10in (0.25m),密度为 140lb/ft³ (23.1kN/m³),强度 f'_m = 1500psi (10.3MPa),孔洞率 50%,全部孔洞灌芯,土的数值如图 4.10 所示,挡土墙尺寸高为 H = 5ft8in (1.7m),截面宽 w=52in (1.3m),截面高为 h= 15in (0.375m),A =16in (0.4m),求所需的钢筋,并计算最大土压力。

8. 类似于图 4.17 所示的墙,为承受侧向荷载的剪力墙。求各片墙段承担的抵抗荷载占总荷载的百分率,各墙段宽度如下:墙体 1 为 6ft(1.8m),墙体 2 为 8ft(2.4m),墙体 3 为 12ft(3.6m),墙体 4 为 10ft(3.0m),所有墙段的高度均为 10ft(3.0m)。

9. 如图 4.17 (b) 所示的短柱,采用名义尺寸为 12in (0.3m) 的混凝土砌块 [8in × 12in × 16in (0.2m × 0.3m × 0.4m)],全部灌芯,砌体强度 f'_m = 1350psi (9.3MPa),用 N 型浆砌筑,求不配筋时柱的承载力。

10. 假设题 9 中的柱,配有 4 根 7 号钢筋,钢筋强度为 F_y = 60ksi (413.7MPa) [钢筋的容许应力为 f_s = 24ksi (165.5MPa)],承受大小为 40000lb (177.9kN) 且距柱中心为 3in (0.075m) 的荷载,柱高度为 14ft (4.2m),试利用 4.10 节例题 4.10 中的近似方法,计算组合荷载下的柱。

第 0 章

1. 今天大部分外部使用砌体材料的建筑并不具有砌体结构的作用，而是支撑体系框架的外面饰面层。

2. 为抵抗外界恶劣气候环境、火灾、磨损、腐烂、寄生虫及昆虫等，需要好的隔声系统，坚固而不变形的结构体系。

3. 常常用作支撑其他构件的部分为砌体，例如屋盖、楼盖以及这些构件之上的墙体。

4. 墙，大部分采用混凝土砌块、砖块或黏土瓦砌筑。

5. 混凝土砌块、砖块以及黏土瓦。

6. 空心砌体的建筑中配置有双向钢筋，并在混凝土的孔洞中灌浆，类似于钢筋混凝土建筑。

7. 使用各地区材料的差异，性能要求，以及实际构造处理要求。

8. 气候条件以及地区性的问题差异，尤其风暴和地震的危害程度产生的差异。基本材料的相似，行业标准、工程设计以及无地区本质差异的火、水和重力创造了相似性。

第 1 章

1. 任何能够铺砌在砂浆上的单个构件都可以产生砌体结构。

2. 混凝土空心砌块，也称为 CMU 混凝土砌块。

3. 具有不止一层竖向砌块的墙体。

4. 将单个墙层拉结形成一个整体墙。

5. 将砌块的边暴露于人们的视线中，构成墙体的表面。

6. 具有薄肋，小或大的孔洞的砌块，孔洞中可以形成比较大的钢筋混凝土构件。相反的，厚肋或有很多的横肋（每个块有更多的孔洞），可以构成更坚固的砌块。后者中没有采用配筋和灌芯措施，建筑完全取决于砌块的强度。

第 2 章

1. 任何"真实"砌体结构应满足最低构造要求，充分考虑砌体结构建筑的最大的结构潜力。如果结构构件按一定的方式在建筑物中排列，由于它的相对刚度增大，这个结构可以成为真正的支撑构件。

2. 满足规范最低要求的构造，即它仅满足规范要求。

3. 由于轴向压力直接作用引起的压应力。

4. 使用坚固的单元，使用更高质量的砂浆，使用结构整体性的更好砌块砌筑方式（如错缝砌合好于通缝砌合），使用壁柱，墙体拐角和边缘采用更坚固砌块砌筑，利用外形上的变化来提高结构的稳定性（如曲线形平面，转角，墙体相交等等）。

5. 在配筋砌体中，构件主要的强度来自于孔洞的灌浆和配筋。而无筋砌体中，砌体的强度来自于自身。

6. 钢筋混凝土刚性框架。

第 3 章

1. 用于砌体结构中。
2. 在水平砂浆缝中设置拉结钢筋。
3. 压紧砂浆缝，尤其是暴露于墙表面的。
4. 对墙和墙段，考虑一个常用墙的厚度与墙长度的关系；对柱和基座，则考虑高度的关系。
5. 墙体竖向跨越，用于抵抗侧向荷载（风、地震、土压力）；跨越水平方向，作为梁；在自身平面内支撑，用以抵抗侧向荷载（作为剪力墙体）。
6. 避免荷载偏心引起的弯曲。
7. 如果梁失效，防止梁撬动或扭曲墙体（例如发生火灾时）。
8. 增强墙体跨度（抵抗风等），支撑墙体并降低它的长细比。
9. 对于拱的底部分要抵抗水平推力。
10. 拱底抵抗水平推力的作用。

第 4 章

1. 砌筑砖块劳动相对时间长和费用高，配筋砌体结构也较容易。
2. 错缝砌合与通缝砌合。
3. 与结构有关的标准的木材（2×4 等）。
4. 墙的总截面面积由外部尺寸定义，总截面面积减去孔洞面积就得到净截面面积。结构的平均重量和强度会受影响。
5. 同于无筋砌体结构（参见第 3 章问题 3 的答案）；可以在最低需求的基础上增加灌芯和配筋。
6. 便于放置钢筋，灌浆更加容易，形成更大的钢筋混凝土构件。
7. 在更多的孔洞内灌浆和配筋，或是简单采用超过最低要求的加固措施。
8. 会增大墙体外面的土压力。

9. 尽量放置在墙体的内部。
10. 增大墙体上的压力。
11. 提高悬臂挡土墙抵抗水平滑移。
12. 防止出现开裂截面；承重压应力作用与基础底面的整个平面。
13. 增加自身的平面内剪切变形的抵抗力。
14. 增加墙体和基础的抗弯能力，考虑墙体的布置方式和基础的形状，形成足以抵抗倾覆力矩的较大恒荷载。
15. 每个墙段将根据自身刚度的大小，承担总的分布荷载中的一部分。
16. 限制基座最大高度确保其仅受压应力作用（通常不像柱的作用）。限制基座最小高度避免像基础一样承受弯曲和剪切的作用。

第 5 章

1. 平坦或有角的石块，不是圆的。
2. 一般由其水平层的形成（层）。
3. 石头堆自身应该很稳定。厚的砌体砂浆缝往往会收缩和开裂，导致单个砌块（石头）移动。

第 6 章

1. 采用相同的泥浆生产同样的土坯砖。
2. 墙体的厚度，尽可能适合单墙层墙厚要求。

第 7 章

1. 行业的传统工艺，有些可能源于迁移者本土流传下来的工艺，再考虑当地环境条件的真实结合，参见第 1 章问题 8 的答案。
2. 当地的建筑规范的要求；当地能获得的材料和工艺；建筑物形式和尺寸；基本的结构要求。
3. 寒冷气候条件，室外和室内温差大，持续时间长。
4. 在外部和内部表面之间形成不流动的空气层，以及热阻断。

5. 作为一个热量惰性块，储存块保持热量（或凉爽），或者以辐射的方式释放它们，维持室内空气达平稳的温度水准。

第 8 章

1. 便于设计计算时，能够在不同的荷载组合中单独使用。

2. 结构构件支撑上的总受荷面积（屋盖或楼盖面积）。

3. 风荷载和地震荷载更容易使结构产生不稳定。此外，大部分结构的基本设计考虑了竖向荷载。

4. 地面周围结构建筑物的掩蔽作用和对风荷载的拖动，或地表面高度增加都降低了风对低层建筑物上的作用效应。

5. 建筑物的大小受混凝土砌块模数尺寸的影响，如墙体厚度、墙体高度、墙体设计长度以及开洞边缘的位置。

习 题 答 案

第 3 章

1. 使用 S 型砂浆，容许的压力为 115psi（792.9kPa），从表 3.3 得，平均压力为 41.8psi（288.2kPa）。

2. 容许应力为 252psi（1737.5kPa）时，承重应力为 167psi（1151.5kPa）；容许应力为 115psi（792.9kPa）时，平均压力为 49.1psi（338.5kPa）。

3. 弯曲应力为 39.8psi（274.4kPa），最大组合应力为 81.6psi（562.6kPa），不起决定性作用。最小组合应力不是拉应力。

4. 弯曲应力为 22.8psi（157.2kPa），组合应力不起决定性作用。

5. 所需的钢筋面积为 $0.385in^2$（$2.4 \times 10^{-4}m^2$），使用 2 根 4 号钢筋。

第 4 章

1. 实际的压力为 81.7psi（563.3kPa）；容许的压力为 150psi（1034.3kPa）。

2. 实际的压力为 92.5ps（637.8kPa）；容许的压力为 150psi（1034.3kPa）。承重应力为 179psi（1234.2kPa）；容许的承重应力为 390psi（2068.5kPa）。

3. 组合应力为 198psi（1365.2kPa）；超过最大值 150psi（1034.3kPa）。

4. 至少需要抗弯钢筋为 3 根 9 号钢筋。基于压力（Kbd^2）的最大抗弯承载力为 86800in·lb（9.7kN·m）。如果所有的孔洞都灌芯，组合情况的工作使用 $f_a/F_a + f_b/F_b = 1$

5. （1）组合应力比容许值小，因此墙体不需钢筋足够。

  （2）至少需要的钢筋为：钢筋间距为 40in（1.0m）时使用 5 号钢筋，放置在墙体中部抗弯足够。

6. 如果所有的孔洞全部灌芯的组合应力情况，采用直径为 16in（0.4m）的 6 号钢筋，或直径为 24in（0.6m）的 7 号钢筋足够。

7. 墙体中使用直径为 32in（0.8m）的 5 号钢筋。最大的土压力为 665psf（31.8kPa）。

8. 侧向荷载在墙段的分配：墙段 1，12%；墙段 2，21%；墙段 3，38%；墙段 4，29%。

9. 柱的截面面积大约为 $28in^2$（$1.75 \times 10^{-2}m^2$）。承载能力为 118kip（813.6MPa）。

10. 柱承载力足够；$f_a/F_a + f_b/F_b = 0.55$。

参 考 文 献

下面列出的内容是本书在各章节编写过程中用作参考的资料。也包括一些建筑结构设计中通常参考的出版物，尽管这些出版物在本书中未被这直接引用。排名次序是随意的，仅仅根据文中引用的内容。此外对一些特别的主题，文中一些章节的末尾，给出了附加的参考书目。

1 *Uniform Building Code*, 1988ed., International Conference of Building Officials, Whittier, CA, 1988 (Used in this book as a primary building code reference and called simply the *UBC*.)

2 *American National Standard Minimum Design Loads for Buildings and Other Structures*, American National Standards Institute, New York, 1982

3 *The BOCA Basic National Building Code*/1984, 9th ed., Building Officials and Code Administrators International, Country Club Hills, IL, 1984 (Called simply the BOCA Code.)

4 *Building Code Requirements for Masonry Structures* (ACI530－88) and *Specifications for Masonry Structures* (ACI530.1－88), in a single publication, American Concrete Institute, Detroit, 1989

5 *Building Code Requirements for Reinforced Concrete* (ACI 318－88), American Concrete Institute, Detroit, 1988 (Called simply the ACI Code.)

6 *CRSI Handbook*, Concrete Reinforcing Institute, Schaumburg, IL, 1984

7 *Masonry Design Manual*, 4th ed., Masonry Institute of America, Los Angeles, 1989

8 *Reinforced Masonry Design*, 3rd ed., R. R. Schneider and W. L. Dickey, Prentice-Hall, Englewood Cliffs, NJ, 1987

9 *Masonry Design and Detailing*, 2nd ed., C. Beall, Prentice-Hall, New York, 1987

10 *Structural Details for Masonry Construction*, M. Newman, McGraw-Hill, New York, 1988

11 *Architectural Graphic Standards*, 8th ed., C. G. Ramsey and H. R. Sleeper, Wiley, New York, 1988

12 *Reinforced Concrete Fundamentals*, 4th ed., P. Ferguson, Wiley, New York, 1979

13 *Simplified Engineering for AQrchitects and Builders*, 7th ed., H. Parker, prepared by James Ambrose, Wiley, New York, 1989

14 *Simplified Design of Building Foundations*, 2nd ed., J. Ambrose, Wiley, New York, 1988

15 *Simplified Building Design for Wind and Earthquake Forces*, 2nd ed., J. Ambrose and D. Vergun, Wiley, New York, 1990

16 *Fundamentals of Building Construction: Materials and Methods*, 2nd ed., E. Allen, Wiley, New York, 1989

译 后 记

　　《砌体结构简化设计》是由美国加利福尼亚，洛杉矶南加州大学的知名教授詹姆斯·安布罗斯编著，詹姆斯·安布罗斯教授具有丰富的结构研究和工程设计经验，已出版了多本有关建筑技术领域的力学分析、结构和建造设计的系列丛书。《砌体结构简化设计》一书，覆盖了美国使用的大多数普通砌体结构构件、结构体系和建造的方法。其清晰明了的结构理论、简单的计算公式和数学表达方式，以及充实的内容、应用广泛的砌筑材料、多元结构体系和设计实例，使其无论对于我国从事结构设计和工程建造的相关技术人员，或是砌体材料的研究和开发商，甚至于结构设计和施工经验不足的初学者，都具有不可多得的实用价值。

　　《砌体结构简化设计》是由南京工业大学组译的"简化设计丛书"中的一本，书中的单位采用英制单位和公制单位（SI制）相结合的表示方法。为更好地做好该书的翻译工作，研究生罗宇、张国菁付出了辛勤的努力，先后进行了初译和二译的大量工作，尤其是经过张国菁的二译之后，本书得以顺利进入到校译和统稿过程。此外，译著中的所有图表、附录及术语和词汇表均由张国菁完成，其他研究生如陈丽华、杜艳静、朱国平等也参加了部分翻译和校对工作。叶燕华、孙伟民对全书进行了仔细的校译、修改、整理和统稿工作。

　　完成本书的翻译和编辑工作，是大家几年来共同努力的结果，在此，我们向所有为本书付出努力的人表示诚挚的谢意。限于译者的时间和学识，书中难免存在不足之处，敬请读者批评指正。

译者

2008 年 9 月

于南京工业大学土木学院